思 考 の 整 理 学

思考的整理学

[日] 外山滋比古——著

施敏霞——译

九 州 出 版 社
JIUZHOUPRESS

目　录

第一章

学校教育 vs. 自主思考

滑翔机

很多时候，当人们萌生出学习的欲望时，首先想到的就是去学校。这里指的并不是学校里的学生，而是那些已经老大不小的成年人，比如家庭主妇。当孩子渐渐长大，她们也有了自己的时间，便想着再回炉深造一下。于是，很多人再次踏进母校的大门，跟学校商量着能否让自己以旁听生的身份重新坐回教室。虽然很多人都无法将这种想法付诸行动，但有这种想法的大有人在。

不仅仅是家庭主妇会萌生这种念头。当我们想开始接触一种新事物时，首先想到的便是学校。无关年龄与性别，这是大部分人的思维模式。想进入学习状态，首先就要找到一位教授知识的人。古往今来，很多人都是这么想的。学校会安排好教科书以及传道授业解惑之人，去这里学习知识才是正统的。

不可否认，从某种程度来说，接受过学校教育的人可以掌握为这个社会所需的一定知识。当今社会，随着对知识有需求的职业日益增多，学校教育日渐受到重视也是必然的。

当今的社会主流认知，可以说带着一种十分强烈的学校信仰。全日本 94% 的初中生都进入了高中。大家都觉得如果连高中都没毕业的话，也太说不过去了。

然而，学校的学生大多是在教科书和老师的牵引下勉强学习的。虽然一直提倡要自学，但是大部分学生都无法独立获取知识。换句话说，他们就像滑翔机一般，无法凭借自身力量凌空飞翔。

远观时，滑翔机与飞机看起来非常相似。两者都能够在空中飞翔，而且滑翔机飞行时不会发出声响，它在空中滑翔的优雅姿态，与飞机相比甚至还略胜一筹。然而，可悲的是，它无法凭借自己的力量飞起来。

学校就是培养滑翔机型人才的训练场，在这里是培养不出飞机型人才的。当滑翔机练习时，如果有带着引擎的飞机混入其中，会非常碍眼、危险。在学校里，按照教师说的去做，紧紧追随教师，表现出顺从谦卑姿态的学生会受到尊重。想随心所欲地飞翔于天际，则是违反规则的行为。因此，学校里的这些滑翔机们会不断受到检查，最终被训练成一个个标准的滑翔机，从学校毕业。

优等生们作为滑翔机是优秀的。一旦跟他们说，"你看起来挺厉害，要不要露一手？"就会让他们感到被动和惶恐。因为作为滑翔机，他们需要接受指导。

即使是滑翔机中称得上一流的学生，往往也要拖到毕业关头，才开始硬着头皮准备毕业论文。写论文这件事，与一直以来的学习有些微不同。本来自由地书写自己喜欢的内容，才是论文的本质，但是滑翔机们却在这个环节变得束手无策。突然被要求做一些突破常规的事情，于他们而言是无所适从的。连那些滑翔机中的佼佼者，也会在这个时候变得慌乱不安。

到了这个时候，他们便会找老师商量。既然从一开始就没有在学习上好好地亲身思考，出现眼下的情况也是情理之中。即使是老师手把手地教，也写不出一篇能称得上论文的文章。于是，很多学生在这时候指责道，自己之所以写不出论文，是因为老师没有认真教过。

然后他们就蜂拥到那些热心照顾学生的老师那里，被老师要求读读这个，看看那个，填鸭式地获取一些观点，最终辛苦地写出一篇滑翔机式的论文。可以说，大部分学生的毕业论文就是这么得来的。

　　换句话说，即使是那些成绩优异的学生，在写论文这件事情上也会碰壁。对于他们来说，照本宣科是强项，一旦要通过自身的思考获得一个主题，就非常困难。经年累月的滑翔机式的训练，已经让他们习惯了在牵引力的作用下飞翔，久而久之便失去了自我飞翔的能力。

　　也不是没有例外，但是就一般而言，接受学校教育的时间越长，凭借自身飞翔的能力就越低。既然作为滑翔机已经飞得很好了，那为什么要成为一架危险的飞机呢？有这样的想法也是可以理解的。

　　孩子本身其实是具有创造力的。大部分孩子可以不费吹灰之力地成为诗人、小发明家。但是，随着学校教育的深入，他们变得像散文一般，更擅长模仿他人。昔日的艺术家之所以会警惕学校教育，我想并不是单纯出于感性的判断。明明想造出飞机，却在滑翔机学校裹足不前，很明显这是不可行的。

如今在职业棋手中，有人非常鲜明地指出，将小学和中学的教育纳入义务教育是不科学的。他们认为，在大脑发育最为活跃的时期，强迫孩子在学校里接受滑翔机式的训练毫无助益。

人类既具备滑翔机的能力，也具备飞机的能力。被动地接受知识属于前者，主动地发明、发现事物属于后者。这两种能力同时存在于同一个生命体之中。如果完全缺乏滑翔机的能力，那么连最基础的知识都无法习得。如果在毫无知识储备的情况下凭一己之力去飞翔，就极容易遭遇事故。

现实生活中，很多所谓的优秀者的滑翔机型能力占压倒性优势，飞机型能力则几乎为零，而这些人却被认为具有飞行能力。

学校在培养滑翔机型人才方面是有建树的，但是在培育飞机型人才方面几乎毫无成果。学校教育日趋完善的结果，就是滑翔机式的人越来越多。当大家都成了相似的滑翔机，就会渐渐忘记滑翔机具有的缺陷。每每说到知识素养的时候，就会让人产生一种错觉，认为他们也可以自由翱翔。

我们在欣赏花朵的时候，不会去看那些枝叶。即使看到了枝叶，也不会将视线移向根部，更不会思考"根"本身。总之，我们的视线被花朵吸引，完全顾及不到根茎。

据说，植物展现在地上的可见部分与隐藏在地下的根部，在形状上几乎是一样的，形成了一种对称美。花朵之所以可以绽放，也是因为它拥有地底下庞大的组织。

知识也是人类这棵树上开出的花朵。即使花朵再美丽，一旦剪下来插入花瓶中，也难逃凋零的命运。仅凭这一点就可以明白：不依附于其他而能持久绽放的花朵是不存在的。

明治时代以来，日本的知识分子不断将盛开在欧美的花朵带回国内。他们中有人为花朵做了根部处理，也尝试连根将花移植到国内，不过大部分人只是剪下了带有花朵的枝丫而已。这种方法很难让来自西洋的花朵在日本的土地上同样盛开。因此，不得不说那个时期的翻译文学其实毫无成果。

其实，那个时代的知识分子应当考虑到花的根部。忽略这一点，想让眼前的花朵绽放无异于天方夜谭。进一步来说，或许一直以来，大家认为这种直接剪下花朵带回国内的方法极其简单，像滑翔机一样的人也被视为珍宝。只要按照命令行动，就能成为知识分子。那些拥有主动性的人反而是个包袱。

虽然滑翔机因为拥有指导者和明确的目标而受到认可，但是要想创造出新的文化，飞机的能力是不可或缺的要素。然而，学校教育在这方面几乎一直是缺失的。一旦试图提升这种能力，就会遇到各种各样的难题。

另一方面，现代社会是信息聚集的社会，完全放弃那些滑翔机式的人是不可能的。那么，如何在这些滑翔机上搭载引擎？学校和社会都非常有必要思考这个问题。

笔者试图通过此书来思考一下，要想成为兼具滑翔机和飞机能力的人才，应当在哪些方面做好准备。

之所以不能再安于滑翔机的现状，是因为在我们身边已经出现了具有卓越的滑翔机能力的电脑。不具备自主飞翔能力的人，将被电脑夺去工作。

被动的学习

　　细细想来，学校会沦为滑翔机的训练场，也是无可奈何的事吧？那些跨进小学大门的孩子们，并不知道学习是怎么一回事儿。虽然他们怀有对知识的渴求，但并不懂得如何获取知识。

　　总之，先按照老师说的去做。正是因为有引导他们的人存在，所以才能行动起来。然而，这不是自发的行为，而是被动的。

　　我们深知最初始的学习不应是这样，然而当学校成为一种制度，就不再有时间允许每个人抱有自主的学习意愿。上学的年龄是规定好的，尽管到了这个年龄，并不是每个人都做好了接受教育的准备。对于站在引导一方的人来说，不统一引导学生是非常麻烦的事情。被引导的一方在还不明白为何被引导的情况下，就已经稀里糊涂地被牵着鼻子往前走了。

这种被牵引着行动的初始习惯会贯穿学生时期的每一个阶段。只有不断强化，才不至于弱化。不仅如此，等到他们走出校门，进入社会后，也会一直以为学习就是有人教授以及可以参考的书本。

学校里最优秀的学生进入社会以后，也不一定会成功。即使具备优越的滑翔能力，也无法真正地翱翔，这便是这些学生的真实写照。那些认真听老师话的学生，往往会得到学校的青睐，而对于那些自由随性地选择方向，即使加以引导也不为所动的学生，学校则会将其认定为有缺陷的学生。

在最初，教育并非源于学校。换言之，在还没有学校的时代，教育就已经存在。那时候人们似乎已经意识到，教育不应该是滑翔机式的教育。那些即将接受教育的人，他们所做的思想准备也是不一样的。如果不抱持无论如何都要去做学问的积极心态，教育便不可能成立，因为如果对学问毫无兴趣，是不会被当作教育对象的。

迎接那些虔诚的学习者的教育机构——曾经的私塾或

者练功场，是怎样传授知识的呢？

即使是在入门阶段，老师也不会立刻教授学徒知识，甚至拒绝教授知识。对于那些想要学习剑术的年轻人，老师会让他们每天劈柴、打水，有时候甚至会让他们照看小孩。当然，这些年轻人肯定会心生不满：为什么老师不教我练剑？其实，老师们之所以这样做，是为了提升学徒们的学习欲望。对于这种技巧，以前的教育者颇有心得，也可以称其为"吝教"。

直到把这些年轻人熬得急不可耐，老师们才终于准备出手。但是，他们不会立刻倾囊相授。对于最核心的地方，他们总是迟迟不教。这种方式看起来有些吝啬，但终将有助于接受教育的一方。这些道理也是他们通过经年累月的实践才获得的。

学习不只是用脑袋去学，还要通过身体来记忆。然而，这些道理往往无法通过语言获得。那些颇有名望的老师虽然参透了这一奥义，但在最开始的时候不会告诉学生。因为一旦这么做了，这一奥义就会瓦解。这跟"富不过三代"似乎有着相同的寓意。

是秘诀就应当保密。即使是再得意的弟子，也要向其隐藏秘诀。于是，弟子不再寄希望于从老师那里获得真传，转而想办法偷取老师的绝技。这就是从前教育的目的所在。对于想学习的人来说，倾囊相授不是明智之举。说到底，秘诀的传授只能针对极少数人。

那些已做好心理准备要偷取老师不会传授的技能的弟子，会逐渐通过自身努力获取新知识、新信息。到了一定时间，他们就能告别滑翔机式的学习阶段，成为飞机型人才，进而获得老师的全部真传。他们一方面承袭了传统的技能和学问，另一方面又能够保留自身的个性，其中的秘诀就蕴含在知识的传承方式中。

前人在这种极其容易流于被动的学习模式中，发挥了自身的主观能动性，从而取得成功。这就是从滑翔机转变为飞机的智慧。

与之相比，在现在的学校，传授知识的一方过于积极、过于热心，无论什么都倾囊相授。结果，学习者只要乖乖地张开嘴巴，想知道的东西就会自动送上门来。现在的学校正在培养这种依赖心理。讽刺的是，学校越是热心，在传授知识方面越积极，学习者就更加被动，发自真心的教育终究会遭遇失败。

虽然为时已晚，学校也开始反省这种填鸭式教育。因为他们已经意识到滑翔机式训练的弊端了。填鸭式教育并非不可取，剥夺了学生学习欲望的填鸭式教育才是有害的。只要学习欲望足够强烈，再多的知识也会受到欢迎，学生也会愿意接受填鸭式教育。相反，即便是非常少量的知识，对于那些抱有抵触心理的学习者来说，仍然是在被迫填充知识，以致产生十分反感的情绪。

过去，日本的学校曾举办汉文朗读活动。居然让几个连字都不认得的年幼孩子去阅读四书五经这类难度非常高的古典书籍。说"让他们阅读"其实是不准确的，实际上只是让他们发出声音来朗读。虽然老师明白汉文的意思，但是对于还在学习阶段的孩子来说，却是一头雾水，完全不知其所云。

在当时的汉文阅读活动中，老师不教授汉文的意思是普遍现象。然而，即使是再年幼的孩子，也不会不在意自己不理解的文字。因为老师不告诉自己汉文的意思，只好先忍着。不知不觉间，就激发出了孩子们对理解汉文内容的渴望。老师不教，反而成了一种很好的教育方式。

而在如今的教育环境下，老师从一开始就会将汉文意思灌输给学生。在学生开始产生疑惑，也就是引起他们的好奇之前，就已经把东西教给他们了，而且还不仅限于意思解释，连作者的生平事迹，老师们也会事先仔仔细细地告诉学生。比如"宫泽贤治怀有怎样一种信仰"这样的内容，现在的高中生也是从老师那里获得的。这种教育模式到底是学生的幸运还是不幸？这不禁让人充满疑虑。学校的老师太过热心，反而会竹篮打水一场空。

那些曾经像小和尚念经一般读着四书五经的孩子，从来没被老师要求过必须了解孔子或是孟子等人物的事迹。

到目前为止，正如笔者反复强调的，现在的学校教育能够让学生具备滑翔的能力，却很难让他们拥有飞行的能力。不仅如此，实际上他们还将滑翔误解为飞翔。只要能在考试中取得好的分数，大家就会凭此贸然断定这是一位具有飞行能力的学生。

说到思考，我首先浮现在脑海中的是数学，也就是对提出的问题给出答案。与阅读文章然后从中获取知识和信息的行为相比，这看起来是自发的、积极的行为。

笼统地说，获取知识的行为与学校教育中以国语为中心的阅读学习相关，而思考行为则与以数学为中心的学习活动相关。

数学可以培养人的思考能力，但是就给出的问题进行解答只是一种被动行为。虽然在问题的框架内学生可以表现得很积极，但是问题来源于他人，并非自己思考出来的。数学问题往往都是已经存在的问题，而自己去创造问题、解答问题的过程，很多人都未曾在学校教育中经历过。

古希腊人构筑起了人类历史上最为璀璨耀眼的文化基础，这是因为他们具有卓越的问题创造能力，能够不断提出"为什么"。可以说，古希腊人拥有优越的飞行能力。

文化日趋复杂的时候，自由飞翔就变得愈发困难。学校不断向社会输出滑翔机，导致社会上到处都是滑翔机。对于滑翔机来说，飞机是一个麻烦。现代社会之所以不断地要求创新，是因为这个社会已经省思到，即使拥有的创造性微乎其微，也不能再像从前那样持续下去了。然而，大家还没有开始思考真正的创造方法。

早餐前思考

人类究竟是在什么时候强化了夜间行为？当然，白天工作是一种常态，一旦涉及知性的行为时，就会被定义为夜间的行为。像"挑灯夜读"这样的说法，在还没有电灯的时代就已经有了，也说明在很早以前人类就形成了读书是夜间行为的想法。

于是在不知不觉间，形成了一种堪称是夜晚信仰的意识。现代社会的年轻人理所当然地认为，早上要狠狠地睡懒觉，学习要到晚上才能开始。如果说自己早上要早起，会被笑话作息像个老年人。

我在很多年前开始意识到，即使是同一个人，早上和晚上思考的事情也有着巨大的差异。再细细一想，为什么会有如此大的差异？越想便越觉得这个问题十分有趣。

早上醒来，看到昨晚睡前自己写的信时，虽然我还是我，却还是会惊讶于自己为何会写出这般内容。

　　外文书籍中关于书信的撰写心得，有一点是说感情用事写出的书信，一定要放置一个晚上，第二天重新读一遍再决定是否要寄出去。因为过了一晚再去读自己写的信，很多人都会犹豫要不要直接把信寄走。这也是一种很贴近生活实际的智慧。

　　而且，不知为何，早上的头脑似乎就是比夜晚的头脑优秀。假设白天忙得晕头转向，有些工作进展得不够顺利。很多人会下意识地跟自己说，这可不行，明天早上再说吧。虽然在内心的某个地方，也闪过了"今日事今日毕"的念头，却还是抑制了这种想法进入睡眠。

　　第二天早上再挑战一次试试，结果呢？昨天把自己急得团团转的问题，到了早上便势如破竹般地一一解决了。昨晚的事情简直就像一场梦。

　　刚开始的时候，我以为有这样的事情发生只是偶然。或许是因为我也曾是夜晚的信徒吧。后来我开始觉得奇怪，再怎么偶然，这样的亲身经历也太多了。虽为时已晚，但是之前的种种经历让我明白，即使是同一个人，夜晚的自己和早上的自己也是非常不一样的。

　　日语中有"早餐前"这样一个短语。翻开手边的字典一查，意为"吃早餐前""这样的事情就是早餐前"＝"这种事情早餐前就能搞定，非常简单"（出自《新明解国语辞典》）。虽然现在依然沿用这种说法，但是我有点怀疑最开始的时候并不是这个意思。

　　并不是因为事情简单，所以放在早餐前解决即可，而是因为放在早餐前去做，才能够不费吹灰之力地搞定那些不算小的事情，使事情看起来很简单。对此不甚了解的人，就会说成"早餐前"。无论是什么样的事情，只要放到早餐前，就能火速解决。早晨的头脑就是如此高效。

　　有趣的是，早上的头脑似乎很乐观。前一晚看到自己写的文章，会觉得这个样子是不行的，明天再重新写一次吧，就这样想着进入了梦乡。结果第二天早上起来，在头脑清醒的状态下重新读了一遍后，会觉得也没那么差劲，最终将其定义为一篇好文章。

　　一时感情用事写出的书信，第二天早上醒来再看一次，即使觉得内容不及格，也不会全盘否定。早上的头脑更为开放，能够大方地认可信中的优点。

因为经历了多次这样的事情，于是我把自己的生活作息从夜晚型切换成了清晨型。这是我在四十岁左右做出的改变，这个年纪还不算大，而大部分老人都会切换成清晨型的作息模式。我也听说很多人虽然是非常资深的夜晚型生活者，但也表示如果不在早上开工，会感觉工作开展不下去。

早上的工作是自然状态下的工作。正因为是早餐前的事情，所以展现出来的是一种很正常的状态；到了夜晚，开着灯熬夜做事情是违反自然状态的。

很多人往往会仗着自己年轻，洋洋得意，反其道而行之。不过，他们也具备这样的体力。等到年岁渐长，就不能再违背自然规律了。所以很多人会开始苦恼自己一到早上就睡不着了。

因此，我在还没有完全步入老年人行列时，就模仿老人家的作息，将一直以来在晚上做的事情转移到了早上。不过我也没能起那么早。慢悠悠地起床以后，也就没什么心思在早餐前工作了。看来不想一个对策是不行的。

虽然我做不到早起，但是我也想在吃早餐前尽可能地将能解决的事情解决掉。要怎么办呢？答案很简单。

不吃早餐就可以了。

如果早上八点起床，到了八点半开始吃早餐，那么想在早餐前工作就是天方夜谭。如果不吃早餐，八点起床以后就可以立刻投入工作，并不是说不吃早餐，而是将早餐时间推后。更合适的说法是早午餐。这绝非异常的事情，因为叫作 brunch（推迟早餐时间，与午餐合并到一起进餐）的词语早就存在了。

这样一来，中午以前的时间都可以称为早餐前的时间，将在这个时间段完成的事情都称为"早餐前"是再合适不过的说法了。

总体上来说，进食以后马上思考是不好的。为了促进消化，脑部的血液流动会变慢，头脑会处于放空状态。这是理所当然的生理现象，所以学生在下午的课堂上打瞌睡，也是他们身体健康的一种表现。在这一时间段内让他们去学习，这本身就是错误的。

据说，训练猛兽的时间必须是它们处于空腹状态时。如果处于饱腹状态，那么无论做什么都无法使它们活动起来。动物比人类更加遵循自然规律。人类会驱动意志来勉强自己，即使非常困倦也能使自己不陷入睡眠。

虽然偶尔有必要保持这种状态，但经常这样是不可行的。进餐以后，就应当悠闲地休息一下，相应地，吃饭前就应该集中所有精力工作，这样一来就可以把午餐前的所有时间称为"早餐前"。即使八点起床，也能有四小时的工作时间。然后就在这段时间内，尽力完成这一天的所有工作。

我坚持这样的工作状态将近二十年了。

在这一过程中，我还想到了另一个方法。悠闲地吃过早午餐以后，可以稍稍小憩一下。如果要外出办事就不能小憩了，但是如果可以自己随意支配一整天，我就会选择小憩。这时候的小憩并不是和衣而睡，而是盖好被子认认真真地睡觉。

一觉醒来，不知现在几点了，只觉得今天早上真是睡了一个大懒觉……像这样有一瞬间甚至将午后误以为早上，这往往说明睡眠很有效。这样一来，就拥有了"独属于自己的早上"。

完成了洗脸、刷牙这些早晨的仪式以后，无论太阳升到了什么地方，对我来说都是崭新的一天。

但是我不会吃"早餐"。到了黄昏，我再享用"早晚饭"。至此的时间就都属于早餐前的时间。也就是说,我在一天内拥有了两次早餐前的时间,相当于一天变成了两天。实际上,通过这种方法,在下午三点或三点半到晚上六七点之间,头脑会运转得非常高效。

很多人会觉得思考事情的时候不需要选择时间,但大家也都明白进餐后马上用脑并不好,而且身体疲惫时也不适合思考。

这样一来,就很容易理解为什么睡一觉使疲劳得到消除,且处于空腹状态的早上是一天之中最好的时间了。那么要怎样做,才能延长早餐前的时间呢?

第二章

如何催生思考的灵感

思考的发酵

在第一章提到，有学生会来找老师商量毕业论文的事情。与其这么说，不如说他们是来缠着老师，请老师给自己出主意的。

本来写什么都是学生的自由，可是他们却不知道该写什么。他们昔常会问老师该写什么才好。如果老师命令他们做这做那，又会引起他们的反感，导致他们的反抗。然而让学生们自由发挥时，他们又不知道该如何是好，只能急得团团转。真是有点讽刺啊。

每年我都会碰到学生跑来问我该写什么题目，长此以往，我开始忌考一个问题，就是必须教给他们自己选取题目的方法。

如果论文题目是他人拟定的，那可算不上自己的论文。

如何靠自己设定论文主题呢?

我也曾在课堂上跟学生们分享过,不过在做这件事情的时候,因为觉得难为情,还是半途而废了。但是这次我抱着"雪耻"的决心,希望通过本书来介绍一下自创的寻找主题的方法。这与我曾经跟学生们讲过的内容基本大同小异。

如果是文学研究的话,首先要阅读作品。一旦从评论或者批评性文章入手,就会被他人的观点牵着鼻子走。

在阅读作品的过程中,会有觉得赞不绝口的地方,也会有觉得牵强、不自然的地方,还会有觉得不明所以的地方。此时就应当将其挑出来做笔记。当有不断撞击内心的文字出现,就表明此处是重要部分。当再三出现一直不明所以、好似谜语般缠绕自己的地方时,则要加以注意。

这些都属于我们的素材,但是仅凭这些内容远远不够。好比制作啤酒的时候,即使有再多的小麦,仅仅依靠小麦也是无法生产出啤酒的。

面对这些素材的时候,需要加入一些想法和提示。这些想法和提示无法从作品中获得,也没有挖掘它们的固定地方。有时候,读读杂志,就会遇到值得参考的内容。跟他人闲谈的时候，也会冒出很多完全没有想到的灵感。书籍、电视、报纸等地方或许就隐藏着许多有趣的想法。

这些想法与灵感好比制作啤酒过程中的发酵工艺。学生之中，有些人一味埋头苦读作品，但是一直这样是找不到主题的，也写不出论文。

这时候就有必要加入一种能够让小麦变成酒精的物质。这种物质不能跟小麦具有同一性质，要到完全不同的地方搜寻。

人们说巨大的发现有时候源于灵感，这种感觉就好比第三个人惊讶地发现所需的这种酵素来自意想不到的地方。要想获得有趣的主题，没有出色的灵感是不行的。往往也是因为没有找到这种灵感，才会历尽辛苦。

无论多么辛苦，如果不加入酵素，小麦就不可能转化为酒精。

那么，这是不是意味着只要有了想法与素材，就能迅速发酵，产生酒精？实则不然。

这时候有必要将它放置一会儿。在下一节我也会提到这一点，就是所谓的让它睡一会儿。这时候素材和酵素的化学反应就要开始了。即使结合了再优良的素材和再出色的酵素，也不可能迅速产生酒精。

在产生酒精之前，它们需要在脑海中的"酿造所"酝酿一段时间。这期间不要去打扰它们，而要暂时忘却。"心急吃不了热豆腐"说的就是这么一回事儿。

在这里给大家举一个具体的例子吧。这是十多年前我在思考"异说论"时的事情。

即使是莎士比亚这样闻名世界的大文豪，在世的时候也并未享有如此盛誉。虽然在去世后不久就被世人称为伟大的作家，但也未被神化，之后才开始出现对其评价逐渐提升的趋势。即便如此，随着时代变迁，仍会出现评价起伏的现象。

这样的情况不限于莎士比亚。《源氏物语》也有着相同的经历。为什么作品本身并没有发生变化，而对它的评价却会产生变化？那时候我就产生了这样的疑问，这也成了制造啤酒的小麦。

这之后的一段时间，我就将这个问题搁置了。然后有一天，我突然看到评论家威廉·燕卜荪说，对于众说纷纭的一篇文章或者诗作，其意思并不是众说纷纭中的一说，而是包含了所有解释。人们都试图创造属于自己的解释，而且人本身也需要这种创造。

几乎与此同时，我对谣言为何会传播开来也产生了兴趣。我认为，这是因为在传话的过程中，人会本能地夸大其词。

这两点成为我的灵感，也就是酵素。我已经记不清它跟素材在一起待了多久，大概搁置了两三年以后，我意识到人们面对原作往往会试图得出自己的见解。假设有人阅读了 A 并理解了它。从结果来看，他所理解的内容绝不是 A，而是 A'，也就是异说。文学之所以有趣，是因为它能承载异说。像《六法全书》^① 这样的书籍，我们在阅读之后感受不到像小说一样的趣味性。因为在法律的世界，对异说的包容性非常有限（即便属于法律范畴，也会围绕一个解释展开争论，这同样可以表明异说的存在）。

所以，我写出了《异说论》这一随笔。对我来说，这也是我的啤酒之一。

当我把论文写作比喻成制作啤酒时，学生们会问，让它睡多久才能发酵？

---

① 该书收录了日本宪法、民法、商法、刑法、民事诉讼法及刑事诉讼法等六部法典在内的各类法条。——编者注

这不是一成不变的。保证睡足一定的时间就能使啤酒顺利发酵，但是跟制作啤酒不同的是，头脑中的酒精发酵因人而异，而且即使是同一个人，也会因为时机不同而导致发酵所需的时间不同。

然而，有一点可以放心的是，一旦发酵开始，你就不会错过。它们会自然而然地在你头脑中发酵，只要碰触到某个契机，便会被再次唤醒。一想到这些，就会让人激动不已，心情愉悦。当你出现了这种精神状态，就表明酒精的发酵作用已经产生了。

法国大文豪巴尔扎克对于发酵，曾说过非常有趣的一句话："成熟了的主题，会自动走向你。"也就是说，你不需要劳神劳力，这些有趣的主题便会迎面而来，得来全不费工夫。

不过即便如此，也不能忽略计划。若想预先给自己设定一个目标，就需要记下素材与作为酵素的灵感相互融合的日子，再记下主题迎面而来的日子，两者的时间差就是产生发酵所需的时间。

不断重复，坚持做相同的事情以后，就可以知道大约多长时间之后会开始发酵，从而做到心中有数。开始撰写论文的时候，能够建立这样的计划就是锦上添花，但不要过于期待从一开始就能获得自己想要的灵感，很多时候其实都有点儿听天由命的感觉。

沉睡的力量

在十九世纪的英国，有一位名叫沃尔特·司各特的小说家。他擅长撰写历史小说，在世界文学史上颇有声誉。

据说这位司各特先生是一个习惯睡一觉之后再思考的人。只要遇到棘手的问题，或是让人不知如何是好的时候，他一定会说："哎呀，不必愁容满面，等到明天早上天一亮，七点钟的时候，这个问题已经解决了。"

司各特先生之所以会这样说，是因为他从过往的经历中得出了结论：与其在这里喋喋不休地讨论，还不如睡一觉，等到第二天醒来，事情自然而然就会朝着它应该发展的方向去了。

相信清晨的头脑，对清晨的思想充满期待，这种潜意识中的行为似乎不仅限于司各特先生。英语中有一个短语叫作 sleep over（睡一晚再思考），也可以视为这一现象的佐证。清晨时分浮现在脑海中的想法往往都非常出彩，很多人深知这一点。

还有一位大数学家叫作高斯。他曾经在记录某项发现的笔记本封皮上写下"1835 年 1 月 23 日，早上七点，起床前的发现"等语句。睡了一晚思考出来的点子，或者说睡了很多个夜晚后思考出来的灵感，到了清晨都涌现出来了。

赫尔姆霍茨也是历史上一位伟大的科学家。据说他也曾经说过，人在早晨睁开眼的瞬间，往往会在头脑中浮现出非常精彩的灵感。

看了很多这样的案例以后，我们可以发现，那些美妙的灵感似乎对清晨青睐有加。

有一个词语叫作"三上"。在很久以前，中国有一位名叫欧阳修的文学家。他列出了在写文章的时候经常能让他心生妙笔的三个地方，即马上、枕上、厕上，此谓"三上"。其中关于枕上，人们往往会把它想成晚上上床以后的时间，但是如果把它理解为从早晨醒来到起床的这段时间，那么高斯特也好，高斯也好，赫尔姆霍茨也好，他们都可以称为枕上的忠实实践者了。

总体来说，晚上入睡前思考太过沉重的问题不是什么好事，因为这会影响自己的睡眠质量。虽然告诉自己该睡觉了，但是各种各样的事情接连不断浮现在脑海，这种情况下很难同美妙绝伦的好点子相遇。

　　入睡前，阅读过于有趣的书籍也不是好的助眠手段。因为书籍带给人的刺激会持续不断，让你的情绪高昂，以致难以入眠。很多人都知道深夜不宜饮用咖啡或茶，但是他们会习以为常地阅读让自己激动不已的书籍。总之，入睡前尽量不要让自己过于兴奋，静静地入眠，然后等待曙光。

　　对于枕上一词，我更愿意将其理解为早晨的枕上，而非夜晚。而我们大多数人，其实没有好好利用清晨的大好时光。当你准备思考事情的时候，从睁开眼睛到离开床，是否应该将自己的全部注意力集中到这段时间？

　　为了达到这一目的，你需要一些材料。如果一直出神，任何灵感都不可能产生。要有需要思考的事情，才能激发自己的想象。

　　笔者也一直不明白，为什么睡了一晚以后，脑海中就能浮现美妙的想法。不过，要想解决一个问题，似乎总需要一些时间来沉淀。在这一过程中，一直保持思考的状态反而不好，应该稍稍搁置一下。如此一来，思考就会凝结，而夜晚的睡眠时间给这一过程提供了很好的缓冲期。

往往会有人说，自己从早到晚一直在思考。他们看起来在很努力地思考，但事实上，很多时候都难以得出清晰明确的想法。他们坚持执着，却也因此失去了大局观，最终陷入混乱的境地。

之前笔者也曾说到，有句谚语叫作"心急吃不了热豆腐"。心里挂念着，焦急地想"怎么还没熟"，三番两次地掀开锅盖去看，结果一直没煮熟。如果对一件事情过于关注，那么结果往往会事与愿违。这也告诉我们，要学会暂时放下，给事物一段自由发展的时间。

考虑问题也是一样的。如果一直盯着一个问题不放，往往会陷入一种胶着状态，本来可以萌芽的灵感也无法萌芽了。而睡一晚上，则好比将锅子里的食材煮透了。枕上的奥妙也在于此。

当然，按照实际情况，仅仅一晚上的时间或许还是太过短暂。对一些庞大的问题，如果不给予它更长的睡眠时间，会很难得到解决。一旦想出来了，而且还能很快得出答案，就说明这些问题不是什么棘手的大问题。如果真的棘手，那么不在内心长时间地酝酿和忖度，是无法让想法成形的。

美国经济学家罗斯托是肯尼迪总统的经济顾问，在全世界享有盛誉，他所著的《经济增长理论史》被世人评价为一部具有划时代意义的作品。在该书序言中他写道，最早开始对这一问题产生兴趣，是在他还是哈佛大学学生的时候。这之后，几十年的岁月流逝，他并没有因为繁忙的工作而推迟总结归纳工作，这些思考一直留存在他内心，让他一遍遍重温着。最后，这些想法从小小的鸟蛋变成了思想的结晶。由此可知，对于这些庞大的课题，要使其最终演化为一个雏形，需要经年累月的积淀。

对于罗斯托来说，不可否认的是，在过去的漫长岁月里，他没有单单执着于这一个问题，对其他问题也做过各种各样的思考。这并不是偷懒，而是时间的累积给予他的思考。如果他一直纠结于那一个问题，或许就会在中途对问题失去兴趣吧？

从前，很多笃学之士往往会专注于一个微小的特殊问题，潜心研究，两耳不闻窗外事。对于研究者来说，这或许是一条通往胜利的大道，但是与之相反，到最后竹篮打水一场空的事例也屡见不鲜，如今仍有不少此类事情。

说到底，还是因为他们太过执着于眼前的事情了。要让事物最终开花结果，就要给予它一段自由发展的时间，也就是反复地让它进入睡眠状态。在对思考的整理上，没有比做个美梦更重要的方法了。孕育出新思考的方法也是相同的，进入梦乡是一个必经的过程。

对于一个作家来说，没有什么素材好得过幼年时期经历的事情。以幼年时期为背景写出来的童年故事、少年故事，假如没有反响，也不是个性鲜明的作品，那么我们就可以称其为平庸的作家。

为什么这些作家的童年故事、少年故事中往往有很多出彩的作品？或许是因为这些素材得到了足够的时间沉淀，最后都变成了宝贵的结晶，而那些多余的东西都随着时间的流逝被洗涤和风化了。能够长时间留存在内心的记忆往往都蕴藏着一股奇妙的力量。这些沉睡的主题，在人醒来的时候，会进行大量的活动。任何事情都不能一蹴而就，有些事情也不会仅凭人本身的意志发生变化。因为时间会在超越人类意识的空间里，让事物自然地趋于稳定与平静。

只要努力了，什么事都能做成，这样的想法只不过是自以为是。因为即使努力了，也有无法成功的时候。此时只能交给时间。真正的幸运是在沉睡中等待。有时候会像腌制了一晚上的小菜，第二天就可以做好一样迅速，而有时候要历经几十年的沉淀才初具雏形。无论如何，利用无意识的时间催生出灵感这件事情，尤其值得我们关注。

鸡尾酒法则

关于如何在头脑中酿造美酒，已经在前面的章节中阐述过了。酿造中产生的纯粹是属于自己的思考，没有掺杂其他东西——至少没有混入外部的东西，完全是独创的想法。

在拥有了这些想法和构思以后，似乎总会独善其身。对于其他想法，总会认为它们不行，都是错误的。虽说保持自信是一件好事，但是自信过头是非常危险的。对一个事物笃信不移时，往往会对周遭事物视而不见。

美国女性作家薇拉·凯瑟曾写过这样一句话："一个人已经足够，一个人，已经足以夺走一切。"

这里所说的一个人，是指恋人。如果只有一个对象，往往便会对其他事物视而不见，导致所有秩序遭到破坏。

关于构想和思考，可以说几乎也是这样。

一个已经足够，一个，足以夺走一切。

有个说法叫作一路走到底。尽管这看起来非常纯粹、真挚，在旁人看来也是非常美好的生存方式，然而未必能获得丰饶的成果。只有与不同的道路保持一定的关联，才能联结成网络，迎来人生的收获季节。

对于那些即将开始写论文的学生，我会跟他们说：主题只设定一个的话就太多了，希望你们至少带着两个或者三个主题出发。

他们对我所说的"一个太多了"似乎完全摸不着头脑，这要等他们自己领悟。在他们还难解其意的时候，解释再多也是徒劳。

只有一个的时候，它就成了你紧盯着的锅子。如果这口锅一直沸腾不了，也就没有下文了。这种做法很执着，但是会显得孤注一掷，头脑的运转也会变得拖拖拉拉。话说回来，即使这个方案行不通，还有替代方案，这样一想就会轻松一点。也可以让各个方案相互竞争，然后选择其中最有潜力的主题。这样一来，当你在考虑哪个方案最佳时，方案本身就会向你靠拢。这就是所谓的"一个已经足够"。

只把自己视为特殊的存在就太狂妄了，还有很多优秀的人才。只醉心于自己那一点小小的独创力，误以为是整个宇宙，无视先人们创造的功绩，就大错特错了。人类在思考世间万物时，既要对自己充满信心，也绝不可丢弃谦卑的品质。

假设现在已经通过酿造法创造出了自己的想法，你既可以把这些想法放在一边，也可以去调查一下此前是否有人有相同的想法，毕竟这也是合理的事情。如果偶然发现它们是相似的，或者说是同一种"酒"，那么对于后来产生的酒，无论多么想彰显它的独创性，从客观事实来看，都不能称之为发现。因为总要讲究先来后到。总体来说，很少有人会丝毫不事先考虑那些既成事实。

例如，关于某位作家对女性的描写方法，有一位研究者准备提出他独有的视角。等到他把自己的想法整合，然后充满自信地认为这是独创的发现的时候，他要开始探讨相关的先行研究了。

假设 A、B、C、D 这四个观点已经存在，该研究者的观点 X 虽然与上述四项都不同，但是非要牵强附会的话，与 B 比较接近。

这时候最具诱惑性的方法是，一边引用观点 B，一边否定观点 A、C、D 来拓展自己的观点 X。不过一旦没有处理好，恐怕会因为对 A、C、D 的偏重而导致对 X 的论述变得十分薄弱。

还有一个做法是，取"女性的描写方法"这个题目作为自己的主题，找出从 A 到 D 的先行研究，以这些研究为基础整合出一篇论文。这种做法不能造出具有个人特色的酒，即观点 X，可以说是以他人所酿之酒来一决胜负。

把 A、B、C、D 混合到一起，就能造出像鸡尾酒一样的东西，但是这样的酒保并不会调制真正的鸡尾酒，只能说是大杂烩，像鸡尾酒一样的东西罢了。

迄今为止，在日本的人文类学问方面，很多时候产出的就是类似鸡尾酒的东西。过去还有人口不择言地说，论文是从脚注开始的。搜罗那些混合而成的酒，对他们来说是一个先决条件。然后再从里面挑选出可以使用的品种。它们将成为立论的支柱，会被一一整理，再在原有内容的基础上稍加润色，这便成了论文的写作程式。

集各家言论之大成，并做好整理工作，已经成了后人炮制论文的一条捷径。然而，将这样的产出称为论文是有问题的。那些称得上是研究史的东西至多具有启蒙作用，如果把它们理解为具有深远意义的治学工作，就会误入歧途——毫无章法地搜罗各种资料，挖掘那些被埋没的东西，并以此作为人生意义进行上下求索——这只是剑走偏锋的文献研究罢了。

思考事物，然后孕育出新思想的第一要诀就是独创性。我们需要独立思考出来的内容，不允许出现别的追随者（至少自认为如此）。只不过，一味显摆自己的思考并不会具有说服力。好不容易创造出来的思想观点反而会被视作教条。

这时候就需要像刚才说的那样，将其同各派言论做一个比照。A、B、C、D之中，虽然B与X最为接近，但是如果硬生生造出XB的观点，会让人有牵强附会之感。A也好，C也好，D也罢，都应当适度地与它们相互对照，然后思考一种新的调和状态。这样一来，独创内容就不会像细弱无力的线条，而是饱满的枝干。

有一门学问叫作"训诂"，这是以字句的意思解释为主旨的一门学问。自古以来，对于古典名著中那些难以解读的地方，往往有无数版本的释义，将这些释义集结起来的书籍称为集注版。

近年来，很多训诂学者对于这些众说纷纭的难解之处，更倾向采用一种近似于自成一派的观点，将其定义为唯一的释义。即在没有明确说法的情况下，选择一种更让人喜闻乐见的说法，抛弃和否定其他说法。这种做法在过去几年间比较普遍。

但是，到了二十世纪以后，这种种百家之言都有其必然性。全盘否定与摒弃的处理方法是不恰当的。这时候也出现了一种新的训诂学见解——应当包容一切观点。之前举例过的威廉·燕卜荪就是这样一位学者。对莎士比亚《哈姆雷特》中那句有名的独白"TO BE OR NOT TO BE"（生存还是毁灭），古往今来就有着各种各样的解释。新训诂的观点是，不要纠结百家言论中哪个说法是正确的，包罗了这一切解说的世界才是这句台词的意义所在。

思考与构想也是同理。对于同一个问题，假设有从 A 到 D 的解说，然后自己获得了新的解说 X，如果仅以自己的观点为尊，摒弃其他的一切，那么很容易陷入有勇无谋的境地。同时，如果仅对与 X 相近的 B 持肯定意见，那么也会被视为牵强附会。应承认 A 到 D 及 X 的存在合理性，谋求它们之间的和谐共存。

如此一来，得到的就不是类似鸡尾酒的东西，而是真正的鸡尾酒式的论文。很多优秀的学术论文都是这样的。这样的论文具有一种魅力，一种既能让人沉醉其中，又不会陷入自我独断中的坚定与踏实。

编辑的精髓

小说家有时候需要汇集多部短篇，集结成一本短篇集。即使不是小说，也可以将自己以前写过的随笔之类的集合起来，作为一本书出版。

英国有一位名叫T. S.艾略特的文学评论家。他也是二十世纪最负盛名的文学家之一。

关于这位艾略特先生，坊间称其"终其一生未曾著过一部书"。当然，以他名字命名的书籍非常多。坊间之所以称他"未曾著过一部书"，是因为虽然他曾经将发表过的文章集结起来出版，但却没有写过一本完整的书。也就是说，他没有为了出书而写书。

如果放在日本，这样的事情并不稀奇，但是放眼欧美，这就非常稀奇了。仅凭这一点，或许我们就能发现日本人有多么青睐编辑类作品。

对此暂且不论，且说这些编辑类作品往往也会激起很多有意思的东西。一篇篇文章或者作品，虽然没有那么卓尔不群，但是当把它们集结起来，竟会给人一种不可思议的惊喜。然而有时候，仅阅读其中一篇会给人眼前一亮的感觉，一旦放到一本书里，又会觉得它并无过人之处。

这不由得让人想起一句话：全体并不是部分的总和。

原本独立的一部分，变成更为庞大的整体的一部分以后，它的个性就会发生变化，展现给世人的形象也会发生变化。文章前后顺序的编排不同，也会给人截然不同的感受。如果构成部分是一样的，那么如何编排没有太大差别——持这种观点的人不具备编纂书籍的资格。

如果编辑能够非常巧妙地编排内容，就会带来非常有趣的整体效果，远超于部分的简单叠加带给读者的感受。此外，原本独立的部分也会散发出更多魅力。这些秘密其实早在古代就被人发现了。

日本的例子是《源氏物语》，欧洲有《十日谈》《坎特伯雷故事集》《一千零一夜》等。换句话来说，这些又叫"画框故事"。也就是将数个短篇故事串联起来，然后把它们嵌入画框里排列组合，成为一本大型故事集。

此时，对于作家来说，不必一个一个地创作故事，既可以自己单独创作一个故事，也可以引用一些现成的故事，这么做没什么大问题。作者的功力更多体现在排列组合的能力上。作者的创造性才能已经倾注在他的编辑能力上了。

无论多么擅长写单个的小故事，如果编排的内容让读者觉得索然无味，那么写长篇小说只会是一片徒劳。这样一想，就会发现画框故事的技法同现代的杂志编辑手法十分相近。

编辑者本人并没有参与到写作中去。当然，参与写作也是可以的，但是能否成为一名成功的编辑，并不在于他是否擅长创作，而在于他如何编排他人写出的作品，或者为了编排出理想的效果，选择谁去写作。编辑者的创造力来源于此。

如果将写作视为第一次创造，那么将原作编辑到一个全新的、更加庞大的框架中去的活动，则可以称为第二次创造。如果把各部分的乐器演奏视为第一次创造，编排出交响乐的指挥者的工作就是第二次创造。第二次创造与第一次创造相比没有呈现劣势，这一点我们从专业的棒球教练、时尚设计师、电影及电视剧编导所发挥的作用便可知晓。

二次创造能够得到社会的认可，从某种程度上来说是以成熟的社会体系为前提的。如果真是如此，我们现代人就不能把出现《源氏物语》《十日谈》的时代称为陈旧的时代。

第一次创造是从无到有的初创过程，把这些内容进行再加工然后使其升华的二次创造，就是深加工的过程。关于思考，也存在初创期和深加工期。鸡尾酒式的论文创作就是深加工后的产物，用文学故事来说，其对应的就是《源氏物语》《十日谈》这样的作品。

在思考过程中产生的灵感与构思属于第一次创造。有时候，仅凭灵感与构思就可以因其特有的意义自成一派。这种时候就不要胡乱地将这些灵感或者构思与其他内容掺杂到一起去。但有时候，仅凭这些独立的个体可能无法形成强劲的冲击力，如果只是放任它们四散零落，那么这些想法不过是一盘散沙。

如果是这种情况，那么就算不是自己的构想也无妨。假如你曾经留心收集一些觉得有趣的知识或想法，如果让它们一直无所事事地躺在笔记本的角落里，那么无论你知道多少知识，顶多算是有知识的人而已。

"智慧的编辑"，换个说法就是，当你在酿造头脑中的鸡尾酒时，你所占据的独创性的多少并非问题关键，如何将你拥有的知识以某种组合排列方式呈现出来才是重中之重。

把不同作家的作品结集成册，将一篇篇短篇小说集合起来做成一部短篇集等做法非常常见。尽管如此，"智慧的编辑"作为一种技法，通过对既有内容的编辑，创造出史无前例的价值丰厚的全新作品，却没有得到大家充分的认识，这让人感到不可思议。

假设现在有 A、B、C、D、E 五个问题。针对这五个问题，已经得出了让人信服的答案。如果就这样简单地把这些答案放在一起，会呈现并列存在的状态。想要集合这些思考，并不仅仅是简单连接就可以实现的。

怎样编排顺序？这是问题所在。如果按照 A、B、C、D、E 的顺序，就显得非常枯燥无味，但是倘若以 E、D、C、B、A 的顺序来编排，或许会发现一下子就变得生动多了。再变成 E、C、D、A、B 的顺序，或许又有一番新天地呈现在眼前。以越来越好的顺序排列时，呈现出来的结果也会越来越精彩。

有一位诗人曾经说："所谓诗作，就是将最优美的文字，以最恰当的顺序排列。"可见诗作也可以通过文字的编排组合创造出来。

接下来是一位著名的诗歌学者传授的创作方法。有所思有所想的时候，把脑海中浮现出来的思想片段一一写到卡片上。当卡片积累到一定程度的时候，将它们像发牌一样排列起来，然后再选择一种看起来很有意思的组合。

这样一来就可以排序了。再次审视眼前的组合顺序。如果看起来没那么有趣，就把牌打乱后重新再来一次。就这样一遍遍推倒重来，直到出现让自己满意的顺序为止。总算得到了自己满意的组合顺序后，就可以把卡片连接起来。或者说趁热打铁，用胶水将一张张卡片按照这一顺序粘贴到更大的纸张上。

这就是构思的编辑过程。那些让人沉醉其中，赞不绝口的表现力就是由此产生的。

虽然用这种明确的方法做排列组合的人不占多数，但是事实上很多人在头脑中经历的思考过程与此非常相似。

想要调制出美味的鸡尾酒，就需要能够打造出绝妙组合的感受力。在烹饪上也是大同小异。

一般来说，将那些司空见惯的东西结合起来，很难孕育新事物。反倒是那些乍看之下毫无关联的东西结合到一起后，会成就一个天马行空的新世界。

那些能够不断创造出具有颠覆性内容的人，他们的头脑往往在编辑方面保持着非常高的活跃度。

思考的催化剂

　　一般都认为诗歌之类的创作是一种个性的表现。到了二十世纪以后，T. S. 艾略特对这一观点提出异议。

　　艾略特将诗歌之类的创作称为"传统与个人的才能"。作为诗人，必须常常服从于那些比自己更有价值的东西。艺术的发展是不断的自我牺牲，不断的个性泯灭。艺术就是这样一种脱离个性化的创作。

　　说了上述一番话以后，艾略特又做了一个非常有名的比喻。

　　诗歌的创作，就好比往有氧气和二氧化硫（亚硫酸气体）的地方放入铂灯丝后发生的化学反应。数年以后，虽然发现这个化学反应中呈现的化学知识不尽正确，也姑且称其为催化反应。

要说哪里有比喻，就是作为催化剂的铂在发生化学反应前后，几乎毫无增减和变化，艾略特认为这一点与诗人的个性发挥的作用相似。

诗人将个人的情感带入诗歌中，通过诗歌来表现个性。这往往是社会对诗人的一般认识。事实上，诗人不可以将自我带入，必须将个性舍弃。那么个性到底发挥多大的作用呢？这里将援用催化剂的说法。

如果只把氧气和亚硫酸气体混合到一起，不会发生化学反应。一旦投入铂，就会产生化学反应。然而最终产生的化合物中却没有铂。铂在整个化学反应中完全是中立的，只是作为这一过程的参与者，促成了最后的化学反应。

诗人的个性就好比铂，并不是表现自我的。通过促成如果没有个性的参与就无法产生的化学反应，才能真正表现个性。

这一观点仿佛向艺术创作的传统认知世界投入了一块巨石，艾略特的"impersonal theory"（非个性化理论）开始声名大噪。

在欧美世界，这一观点或许较为新颖，但是在日本的文艺创作中，这并不是什么稀奇的想法。

日本的诗歌原本就是一种排斥主观表达的文艺形式，善于通过象征或比喻的方式表达内心世界。其中一个极致的表现就是俳句。

　　在俳句的世界里，主观情绪与感受都是假托花鸟风月间接传达的。虽然需要通过俳人主观的介入来完成与自然事物的结合，但是一旦将主观感受表达得过于赤裸，就会大大拉低作品的格调。在主观作用的积极引导下，那些小而美的、具有鲜明个性的作品才得以孕育。

　　只有在俳人为各种被动的素材提供了一个与主观因素自然结合的场所的时候，才能创造出真正完美的俳句。乍一看，好像是一件非个性化的作品，但事实上，正是在这样的作品口才孕育出了巨大的个性。

　　类似的情况在前面关于编辑能力的文章中也已提到，如果将编辑的作用比喻成连接作者与读者的桥梁，那么编辑的工作不是将个性或者才华发挥得淋漓尽致，排出绚烂多彩的版面，相反，作为编辑要扼杀个人喜好，成为使作者与读者之间产生化学反应的保持中立的媒介物。

　　所谓第二次创造，就是催化剂的创造。

　　饶有兴味的是，俳句和编辑的性质出乎意料般地相似。

另外，这与欧美直到二十世纪才发现的诗歌中的非个性化理论极其相似，当真是回味无穷。

一般来说，我们在思考问题的时候，催化剂的说法极具参考价值。在思考新事物的时候，我们幻想所有事物都可以从自己脑海中蹦出来，这是不切实际的。从无到有的思想创造是非常小概率的事件。大多数时候，是将那些已有的事物串联起来，再创造出新事物。

良好的催化剂不会牵强附会地将现存事物硬生生凑到一起，而是以一种非常自然的方式让现存事物之间产生化学反应。这就好比灵光乍现。但是，灵感不会在不毛之地凭空出现。各种各样的知识、经验、情感早已存在，在这里面加入个性后，知识与知识，情感与情感的结合又会产生新的知识、新的情感。

这种情况下，作为个体的人应处于无心的状态。曾经有一位数学家长时间沉浸在一个问题中，却始终找不出解答思路。有一次，他迷迷糊糊地睡着了，等到睁开眼后，突然就解开了谜底。当意志力变得薄弱，那些原本四处飘散的想法就开始结合并产生化学反应，从而成就了发现。

我们在思考事物的时候，过于紧张不是好事。遇事动不动就焦急万分也是不明智的表现。倒不如让内心放松自由地舒展，这种状态下更容易产生有趣的想法。就像前面说到的，这时候抛却个性反而更有效。

关于思考中的鸡尾酒法则，之前也有所提及，但是若想调制出美味的鸡尾酒，在一开始就抛出调酒师的主观感受和个性并不是一件好事。相反，首先要抑制住小小的自我，然后想方设法将美好的事物以容易的形式结合到一起，只有这样才能调制出美味的鸡尾酒。

以鸡尾酒法作为主要方法的学者，对那些容易流于主观感受的事情会保持高度警惕。因为一旦主观感受过于强大，学者个人的精神世界就不会成为催化剂，而是沦为一味佐料。这样一来就变成创作活动了，做学术研究的学者非常忌惮这种事情。

当然不仅仅限于此，即使是创作活动，也有很多人认为应该像艾略特一样抛弃自我个性。要想在头脑中生成新的事物，无论是创作还是理性的发现，都必须压抑小小的自我。

近来，大家常常会使用"想象"这个词。想象可以分成有趣与无趣两种，而想象的源头就是个性。个性本身并没有有趣与无趣之分，而是个性与相关联的知识或者事物结合之后产生的东西，或妙趣横生或枯燥无味。想象的母体就是作为催化剂的个性。

即使想象接触到的是一些众所周知的、陈腐的东西也无妨。这些司空见惯的素材会在意想不到的时候与想象结合，产生化学反应，然后生成新的思考。想象的精妙之处就在于此。到目前为止，人们对想象本身有诸多认识，但对其母体及其母体的作用却几乎没有涉猎，这真是让人匪夷所思。想象的有趣之处就是化合物的有趣所在，它可不是用来创造新元素的。

关于发酵法已经在之前的章节中介绍过了，或许像是获得了从无到有的思考与发现。而说到催化剂，我们也这样思考一下的话，就会发现发酵法与鸡尾酒法其实大同小异，都是通过新的结合产生效果。

给事物一段沉睡的时间、忘却的时间，实际上也是为了抑制主观与个性的发展，以便在头脑中为它们准备一个可以自由结合、产生化学反应的环境。在思考事物的时候，无心之境才是最佳状态，这并非偶然。酣睡一晚后再去思考绝不是拖延时间。

类　推

　　曾经有一段时间，我突然对一件事情变得十分在意。

　　一个一个的文字明明是静止的，但是阅读文章的时候，字里行间却蕴藏着流动之感。有间隔的文字与文字之间明明是在外力的作用下连接起来的，但是读者却会将它们理解成一个具有连贯性的主题。这就是让我觉得非常不可思议的地方。

　　我很快明白文字的流动是因为眼睛在跟着移动，但不明白的是有间隔的文字如何形成了连贯的意思。这个问题一直困扰着我。

　　像英语这样每个单词分开来写，其分隔点非常明显。然而，留存在我们脑海中的还是那些具有连续性的词语。分隔点不知道在什么时候消失不见了，这到底是为什么？

我有一段时间没有去理会这个问题，而是让它沉睡了一会儿。有一天，我下了公交车，走在郊外的道路上。四周的麦田青葱如翠，让我记忆深刻。乘着风声，琴声也悠悠扬扬地传到我的耳边。就在这个时候，我突然得到了那个让我百思不得其解的问题的线索。

这就是我在之前的章节中提到的催化剂。

琴音其实也是一个一个分隔开来的。但是当我们在远一点的地方倾听的时候，就会发现这是一段连续的琴音。前一个琴音的余韵会覆盖到下一个琴音上，也就是覆盖了分隔点。语言不也是这么一回事儿吗？当下，我脑海中掠过了这个想法。

分隔开来的独立单词，为什么会让我们觉得有连续性？一个个断开的琴音听起来是连贯的，我从这一现象中突然获得了灵感。我把这两点糅合到一起，记录到笔记本上，然后让它们沉睡了一段时间。

也不知道它们沉睡了多久，但是我在这段时间里找到了解决问题的方法。

我想到的就是惯性法则。

运动中的物体有将这一运动继续保持下去的倾向。正在运动的物体突然静止的时候，可以明显感受到这一惯性作用。当交通工具突然刹车，乘坐交通工具的人也会像多米诺骨牌似的接连倒下去。由此可见，人的身体本身也在受惯性的支配。

这一法则不仅在物理世界中有所体现，在生理学世界也同样存在。眼睛注视事物时，即使对象已经消失了，在短暂的一段时间内，双眼也会产生继续注视的错觉。这就是残像作用。

利用了这一视觉惯性的发明就是电影。电影将一个个静止在胶片上的镜头连续放映出来，给人一种动感。尽管每一帧之间会存在什么内容都没有的空白，但是对于欣赏电影的人来说，他们并没有意识到屏幕变成白色的那些瞬间。这是因为前一幅画面的残像会将这一空白覆盖。

既然我们认可在物理界及生理界具有同样的惯性法则，那么在心理领域也会发生相似的惯性作用。这一想象延伸是合理的。

这样一想，我注意到存在心理残像这一现象。假设 A、B、C 三个互有关联的事件是间隔发生的。刚开始的时候，会觉得这三者是相互割裂的，但当隔绝在它们之间的时间渐渐消失，三者逐渐联系到一起后，相同的事情就开始不断发生。A 的视觉残留覆盖到 B 上，B 的残留又波及 C，原本独立的三个点，最后串联成了一条线。

语言上非连续的连续化，其实同基于生理性的视觉残留而创作出来的电影具有更多的相似点。

话语中的每个单词，就好比电影胶卷中的每一帧。单词之间的空白间隔会被前一个字留下的残像覆盖，而且是一种无意识的行为。放映胶片的时候，影像不会断断续续，而是连贯地播放下去，其实跟上面说的是同一个道理。

此外，还有一个需要我们注意的地方。无论是惯性作用，还是视觉残留作用，都不会持续不断，一段时间以后就会消失。在动作迟缓的物体上无法表现出惯性作用。如果慢悠悠地放映电影胶片，那么画面就会忽明忽暗，中间停顿的部分投影在屏幕上就是空白的一幕，也失去了连续性。

语言也一样，只有当我们以一定的速度阅读时，才能让人感受到情节发展和节奏。晦涩的文章，或者辞典首页的外语等内容，因为每个部分都是割裂开来的，所以让人无法理解它真正的意思。这也是因为视觉残留消失了，空白部分没有被填满。

对这种晦涩难懂的地方，如果一口气读下去，反而会发现居然读懂了。或许这也是残留发挥了作用，使割裂的部分更加容易集合到整体上的缘故。

如此一来，即便文章中的单词是一个个分隔开来的，也可以因残留作用而形成它自己的连续性。当我意识到这一点以后，长久以来困扰我的疑问也一举击破了。使文章的非连续变得连续的这一残留作用，我称其为修辞性残留，也就是文章中产生的残留。

前面我详细阐述了从思考残留现象到提炼出修辞性残留的过程，其实我只是想通过关注实际例子获得想法而已。

这里我要引出的就是类推。关于这一点，我是通过文章非连续的连续性以及电影胶片的相似现象来说明的。

虽然不可断言这两者之间具有严密的相似性，但是在解决一些未知问题时，类推的方法是极其有效的。

说到类推，或许听起来有些复杂。其实在数学问题上，这是连中学生都明白的道理。如果有疑问，就把它设为 X。这时候的主题就是 C。

C∶X

仅有这个条件的话，是无法解出 X 的。于是联想到跟它们有同样关系的——

A∶B

然后把两者的关系等同起来。

A∶B = C∶X

接下来要求解 X 的话，就可以运用中学时期学到的比例问题。

$$\because AX = BC \quad \therefore X = \frac{BC}{A}$$

用刚才的例子来说，为什么文章中的单词是分隔的，却可以相互联系起来，让人感受到一种节奏呢？这就是：

C∶X

这跟电影胶片可以作为电影来观赏的现象在本质上是一样的，直观地看就是：

A∶B = C∶X

这一等式成立，左边部分就是残留带来的影响。

$$X = \frac{BC}{A}$$

这里的 X 就是文章上的残留作用。

事实上，我们在日常生活中也会极其自然地运用这一方法。例如"那个人的行为简直就像敲诈勒索"。一方面在煽风点火，另一方面又在别的地方给它灭火，这句话省略了复杂的说明，却又把事情解释得非常清楚。

一般来说，当我们没有非常巧妙的说明或表达方式时，就会通过"打个比方，就是……"来解释。我们其实在不断地运用类推的方法。可以说，这也是我们打破未解之谜时最常用的一个方法。

意外收获

战后一段时间，美国致力于反潜武器的开发。在这之前，首先要制造出能够捕捉潜水艇声响的卓越的声波探测器。

在制作这一探测器的实验过程中，美国人听到了一种并非从潜水艇中发出来的声音。而且，这还是一种具有规律性的声音。于是美国人就去调查这一声源到底是什么，结果发现居然是海豚相互交流的声音。

本来在过去的研究历史中，人类对于海豚的语言是充满未知的，借由这一实验活动，对海豚的这项研究成为风靡一时的课题。

原本的目标是开发武器，却因为意想不到的偶然，将他们引导至一个全新的研究领域。像这样的例子，在古往今来的研究中也绝不是什么稀奇的事情。

科学家们把这种好似在来回路上产生的邮费一样的发现或者发明，称为"意外收获"（serendipity）。在美国，这个词经常出现在日常对话之中。自然科学的世界自不必说，连日本的知识分子中也有很多人提到这个词。或许也是因为我们对具有创造性的思考没有给予充分关注吧。

原本是为了捕捉远方潜水艇的声响而做的研究，却引出了海豚相互交流的声音。其实这也算不上多么美妙的意外收获，也不是值得去大张旗鼓书写的特例。我仅仅是把它作为一个例子，来说明很多发现与发明其实都是意外得来的。

关于"serendipity"（意外收获）这个单词，其原本的含义同今日略有不同。

在十八世纪的英国流传着一个童话故事，名为《锡兰三王子》。这位三王子经常丢三落四，无时无刻不在寻找东西，不幸的是每每千辛万苦寻找的东西总是不见踪影，而一些完全不在意料之中的东西却总能被他翻找出来。

以这个童话故事为原型，文人兼政治家的霍勒斯·沃波尔造出了"serendipity"这个新词。这其实是一个合成词。

那时候，锡兰（现在的斯里兰卡）被称作"serendip"。"Serendipity"这个单词几乎被打上了锡兰的烙印。这之后，不是主要研究目的的附属性研究成果便广泛被称为"serendipity"。

即使不是多么惊天动地的发现，在日常生活中也能够屡屡体验到意外收获。

桌上一片混乱，想找的东西翻了一遍又一遍，却总也找不着的时候，突然就想到了有封信必须马上回复。因为找不到那封信，于是又开始东找西找，结果还是一无所获。就在这时，却找见了一支前几日总也找不到，以为已经丢失的钢笔。这支钢笔之前明明已经找了好多次，却总也找不到，不找它的时候反而自己蹦出来了。这种现象也是一种意外收获。

一些心理层面的意外收获，我也常常有所体会。

学生时代，常常要等到考试的前夜，才想到要开始准备考试了，然后捧起几乎全新的书本开始阅读。读着读着，意外发现书里的内容妙趣横生。本来是心血来潮才打开的书本，没打算沉浸其中，结果却越读越无法自拔。

因为是一本平时连瞥一眼都感到辛苦的哲学书，所以这让我觉得特别不可思议。仅仅是想稍稍看一眼的书，却为之着迷，读了二十分钟、三十分钟以后，抱佛脚的计划也完全被打破了，我想很多人在学生时代或多或少都有过这样的体验。

因为有了这样的契机，对新事物的兴趣萌芽也就产生了。这就是一个非常棒的意外收获。

关于类推的思考方法，也可以跟意外收获联系起来重新审视一下。

当我们在思考语言的非连续中的连续性时，会意识到很多事情都有惯性在发挥作用。因此，当你想解决一个目标问题时，可以把它视为一个变形了的意外收获。

像比喻之类的做法，其实也是把想要研究明白的问题暂时搁置一下，发现一些完全不同的事物间的关系，然后让类推成立。

比起对关键部分的兴趣，或许对周边事物的关心更能激发出活跃性。这就是意外收获现象。位于视野中心区域的事物本应更容易受到关注，然而讽刺的是，对于原本可以看见的东西，我们往往视而不见。我在之前用到"心急吃不了热豆腐"这个例子，也是在从别的角度证明这个事实。

当我们在思考事物的时候，即使已经有了主题，"一条道走到黑"地执着于这个问题也不是明智之举。我们需要让它暂时沉寂一下，给它降降温。持续关注对象本身，反而会妨碍思考的自由性，这也是很多人都有过的切身体会。

即使处于视野的中心区域，也会有看不到的部分，反而是那些不处于中心区域的事物能够吸引眼球。这时候，不仅无法解决中心区域的问题，甚至周边一些意料之外的问题也向我们扑过来了。

为了让事物沉寂一下，可以给中心区域的事件降温，把它们暂时转移到周边区域。这样一来，就可以为意外收获的产生创造一个优越的环境。人类依靠意志掌控一切是十分困难的。有时候，把事情交付给无意识处理，是非常重要的方法。这也是意外收获教给我们的东西。

以前学生们来找我的时候，跟我说其实讲课跑题也是件很有意思的事情。作为一名老师，听到这样的话内心五味杂陈。那么关键的课程内容进展得如何？如果说那位老师只有说跑题的部分才比较有意思，在外人看来未必是光彩的事情。这个学生到底是在怎样的班级？一问才知道，他们连使用的是什么样的教科书都不了解，所以才会对老师那些跑题的内容记忆深刻。

总的来说，学生们对课程和讲义的关键部分不会有多大兴趣。随着时间的推移逐渐淡忘，是再正常不过的事情。更有甚者 从一开始就没有对上课内容产生过兴趣。相较之下，讲课跑题属于上课的义务之外的事情，本来就是围绕主题的一些周边性话题。如果学生们对这部分内容印象深刻，总也忘不掉的话，那这就是教育带来的意外收获。作为教师，不需要为跑题感到难为情。

虽然这是学生自身的事情，但是对教师来说，当我们在讲一些跑题的内容时，从未考虑过的问题或许会在这个时候突然冒出。于是我们会赶忙停下来，急匆匆地把这件事情写到笔记本上。这样的经历我也曾有过。虽然跑题的经历并不总是如此，却也会给我们带来一些意外收获。

作为教师，不需要忌讳跑题。我们正是通过这些轻松愉悦的话题，不仅让自己学到了更多的内容，也给身边人带来了更多新的思想火花。

第三章

如何高度提炼思考碎片

信息的递进

存在于我们周遭的所有景象和现实，都可以分为自然与人为两类。山峦屹立，河川流淌，这些都是没有人为因素推动的自然现象。在山上种植树木，在河流上建造护堤工程，虽然这一部分有人为作用推动，但是山峦、河川本身依然是自然的产物。

那些描绘了山川美景的图画，无论多么逼真，也是人为的产物。它们唤起了我们对美的感叹，我们将这种人为作用称为美术。但是，不仅美术可以称为艺术，几乎所有人为加工的事物都可以称为艺术。

语言本身是人类创造的产物。描述自然的语言，当然也是人为的。直接表现自然的事物属于第一手信息，比如"某某山的南侧斜坡发生泥石流"就属于第一手信息。与此相对，"这一地区的山属于某某火山带"就是第二手信息。基于第一手信息进行更高程度的抽象演绎，就是"信息的递进"。再在这一信息的基础上做抽象化处理，就产生了第三手信息，也就是递进后的递进信息。

如此一来，人为的信息就升华到了高度抽象化的层面。

关于思考与知识，也存在信息的递进过程。最具体、最接近实际情况的思考与知识，就是第一手信息。把同类型的内容收集起来，然后整理，让彼此间相关联，就产生了第二手信息，即知识。让这些信息在同类型的信息中再做一次升华，就形成了第三手信息。

新闻是第一手信息的代表。新闻能够传递事件和事实，引起人们的兴趣，但是对事件本身的意义的表述却不明确。也就是说，第一手信息除了最新鲜、最及时以外，没有什么别的特性。

新闻的社会版面上大多是第一手信息的罗列。即使它没有明确阐述事件本身的意义，也不做解释，读者仍然可以明白它想传递的观点或者想法，因此非常容易理解。

虽同为新闻，社论会基于多种第一手信息，加以整理后做出更深一层的报道，也就是第二手信息。即使是对社会事件有兴趣的读者，在面对社论时也会觉得非常不习惯。其实社论的读者并不多。对普通读者来说，其他很多信息都是第一手信息，而由于没有掌握阅读社论的要领，所以会觉得社论很无趣。

把第一手信息转变为第二手信息的方法有不少，例如摘要、概括等，也就是省略细枝末节，归纳要点——与其说这是升华，倒不如说是压缩。将已经成形的信息做二次人为加工，处理后就成了第二手信息。

"评论"一词的根本就是回顾（review）。如同其字面意思，就是再次审视，花时间再次考证第一手信息。杂志就是这样处理报纸上的新闻的，一些月刊杂志的杂志名称中经常会用到回顾、评论之类的词语。

大学图书馆里有一本名为《化学抽象》的文献受到了很多人的关注。因为其中记载了化学研究的各个方面，对专家来说也是必读书目。但有一个缺点是，这部文献的阅读费用非常高，大大超出了图书馆的经费预算。

这点暂且不提，希望大家更多地关注一下这部文献的题目——抽象。这也是第二手信息，它没有叙述每个研究的具体情况，而是将每个研究抽象化并记录下来。将信息整理归纳，就是一种抽象化。

每篇论文的结尾处往往会附上摘要。这也是第二手信息，属于抽象的一种。

也就是说，论文不能只来源于第一手信息，而第二手信息也会存在升华程度不够高的问题，因此需要对论文做第三次信息处理。一方面，在撰写论文的过程中，需要作者具有高度的抽象能力，此外，也需要读者具备理解抽象表达的能力。

其实我们在思考事物时，就在经历不断递进的抽象化过程。每一个断片式想法，换句话说就是第一手信息。如果只停留在这个阶段，并没有太大的意义。把这些想法同其他思考内容相关联，然后归纳，就形成了第二手信息。

这时候，发酵、混合、类推等方法就可以发挥作用。关于这一点，我在之前的文章中阐述过。所谓思考的整理，就是让处于初级阶段的思考爬上抽象的梯子，让它不断前进。如果思考只停留在第一阶段，那么无论时间怎样流逝，也只是肤浅的想法罢了。

经过整理、抽象化的处理以后，思考就会升华到另一个高度。它所具有的普适性也会扩大。

有个说法叫"跳下抽象的梯子"。想拯救交流障碍，有效的方法就是跳下抽象的梯子，将第二手信息、第三手信息还原到第一手信息。但是这同文化发展的方向背道而驰，也是一个事实。人工智能的发展与信息的递进是共同进行的，如果一味恐惧攀登抽象的梯子，只会阻碍社会的进步。

所谓思考和知识的整理，很多人都认为是留下重要的东西，然后把不重要的部分摒弃的批量化处理过程。这样的整理方式当然存在，这就好似把一些非必需的旧杂志、旧报纸扔到废品回收站，是一种物理性的整理。

但是真正的整理不是这样的，而是将第一层面的思考提升到更高层面，是一种质的变化。无论有多少知识、思考和想法，仅靠它们无法升华到第二层次的思考。从量变到质变的过程不是轻而易举的。

从第一手信息到第二手信息，再从第二手信息到第三手信息的思考整理，是一个非常耗费时间的过程。我们需要让它暂时沉寂下来，等待化学反应的发生。化学反应之后的产物，就是在之前的思考基础上产生的递进思考。

登上抽象的梯子一步步前进，是一种哲学化的体现。我们这个民族留下了很多来自远古的历史记载。然而，这些记载缺乏将它们统合到史论和史学中去的明确史学观点。即使我们具有丰富的第一手历史记载，也鲜少对它们做递进化处理，加工成第二手信息、第三手信息，这样的尝试在我们的民族里是非常稀少的。

思考和灵感也存在相似的问题。即便是那些灵光乍现的想法，背后也需要有具体的知识来做支撑，而之后将这些内容进行整理、统合、抽象化处理，推升到一个新高度的尝试更是少之又少。

在做思考的整理时，平面、量化的归纳是不够的，还必须有立体、质的统合。正是考虑到这一点，本书才对灵感的发酵等做了非常详尽的推究。

这一过程也可以说是对思考的高度提炼吧。

碎片收集

　　我们在看报纸的时候，往往会碰到一些很感兴趣的报道。于是一边想着稍后剪下来，一边翻到了下一页。事实上，这个"稍后剪下来"的想法变成了一种习惯，越到后面就越不会理会这件事了。

　　其实我们并没有忘记，反而是一直记着这件事。只不过因杂事缠身，推迟两三天也很正常。当突然想到前几天的这件事，便催促自己赶紧去看一看那篇报道，拿出那份报纸，找了一遍却没找到。"好奇怪啊，怎么会没有呢？"你一边自言自语，一边有点着急。总是在这种时候就找不到了，"会不会是晚报？"于是你又去翻晚报，但也没有那篇报道。"我明明记得是早报，而且就在那一页。"眼睛睁得如铜铃一般，到处翻找，还是没找到。这时候心情就变得有些烦躁不安，越找不到，就越觉得那份报纸上写了非常重要的东西。

阅读过的内容一旦进入脑海，就很容易发生变化，这也是我时常会有的感受。明明觉得应该是那样一个题目，却怎么也找不到。最后好不容易找到了，却发现跟脑海中想象的内容并不相同。

当然，只要最后能找到，即便这样也不差。很多时候，当我们意识到三四天前好像读过某则新闻，转身去找的时候，往往会发现找不到了。如果报纸只有一张还好，问题是很多报纸都有三到四张，连到底在哪页都记不清了。从堆积如山的报纸里找到那份目标报纸，本就需要一颗平常心，又急又躁是找不到的。

要制作新闻剪报，当下就把这篇新闻剪下来是最安全的做法。但是在现实生活中，我们总会顾及还没看过这份报纸的家人，把它剪出一个窟窿恐怕不合适，于是这件事就搁置了。这样一来，之后再去处理就会麻烦得多。

如果在当下无法剪下来，应该用红笔或者近来流行的记号笔把必要的内容圈起来。如此一来，就可以在之后迅速地按图索骥了。

如果手边没有剪刀或是刻刀之类的工具就会不方便，最近市面上出现了专门用来做剪报的刀具。即使报纸下面垫了其他东西，也可以在不损坏其他东西的前提下，刻下报纸的一角。这种刀具外观就像一支钢笔，非常方便把它揣在口袋里带出门。

相较于报纸，做杂志的剪报要容易很多。因为杂志上的内容不会很难找。但是，跟报纸一样，要在当下就剪下杂志上喜欢的内容。也有不少人觉得，好好的一本杂志就这样被毁了，甚是可惜。但是如果不这样做，就不能做出一本好的剪报。这时候就要狠下心来，把碎片收集继续下去。

即使做了剪报，如果把它放置一边，过一段时间后还是会不见踪影，所以必须做好保存工作。整理剪报的方法分为两种，一种是把零散的内容剪下来贴到剪报本上，还有一种是分门别类地放到不同袋子里。

把自己喜欢的内容贴到剪报本上，适用于不需要对问题进行细分，或者只是针对特定主题制作剪报的情况。例如，只搜集跟自己工作相关的内容时，只要有一册剪报本就足够了，按照日期依次排序即可。

虽然无须赘述，还是要提一下，我们在制作剪报时，必须把报纸名称、日期、杂志名称、月刊号一一记下，不可懈怠。一旦遗漏这些细节，好不容易积攒下来的剪报本便失去了一半价值。觉得这样的做法太过琐碎而偷工减料，那么即使当下明白，等再过五年、十年，就回忆不起当时的情景了。必须要养成一丝不苟地做记录的习惯。如果你是一位需要不断制作剪报的人，也可以准备一些写有报纸名称和日期的橡皮章。

如果剪报的内容涉及不同问题，使用剪报本就不太方便了：不仅需要同时准备多个剪报本，而且一旦粘贴上去，就很难再撕下来。即使新的内容和旧的内容之间具有非常深刻的关系，要把它们放在一起也很困难。

如果刚开始就设想之后会有很多同类别的内容，并准备好了一个剪报本，结果却总也搜集不到相关内容，就会让剪报本陷入休眠状态，这不是我们乐于见到的。

相比之下，用袋子装会更加合适。根据不同的问题，准备几个大号的信封。把剪下来的报纸按照不同类别放进不同信封，这样一来就不烦琐了。等空闲的时候，就可以把里面的内容拿出来看看，然后把关联性高的内容整理到一起，剪报的利用价值会提升不少。

袋装方法很方便，不足之处便是很容易遗失。把东西从信封里掏出来的时候，面积小的纸片很容易轻飘飘地落下来。为了防止这种事情发生，最好把小片的纸贴到大一点的纸片上。

无论是使用剪报本还是用袋装，有一点是相同的，即有些内容不仅跟 A 有相关性，跟 B 也有关联。如果当下勉强把它们归为一类，待到以后去另一个地方查找的时候，往往很难找到。如果一篇报道或者文章跨越了两个以上的主题，那么建议把它拷贝一下贴到不同的主题项下，这样也能让自己更加安心。如果不能拷贝，可以在纸片上写下标题，注明某某剪报在某项下可以找到，必须要利用交叉引用法来实现跨主题的内容查找。

如果袋子里的东西越来越多，就意味着这一主题的资料已经搜集到位了。等到袋子涨大了，就可以把里面的内容整理成册。很多笃学之士就是用这个方法来做学问的。这是他们经年累月、持之以恒搜集的资料，仅凭一点点学习时间，断不可能获得如此多可望而不可即的深厚学识。

书籍的话，不要只取其中对自己有用的东西。近来已经可以复印了，所以一边读书一边做记号，读完以后把留有记号的地方拿去复印，也是碎片收集的方法之一。

杂志也是一样，对于那些具有学术性、纪实性的内容，往往想整本保存，很难做成剪报，这时候可以将其复印用于制作剪报。

过去我在做杂志编辑的时候，会把校对的草稿与杂志一并寄给作者。结果作者非常开心。这是因为作者们不仅能得到一本定稿的杂志，还能将自己写过的文章保存起来。那时候还不像现在这样流行复印。

为了之后可以再次利用书中的精华，除了留下复印件，还可以在书的内封写下自己感兴趣的话题，并写上页码，之后再回头寻找的时候也会方便很多。

书中的话虽然不易做成剪报，但是可以把何处有什么内容写在卡片上，放到刚刚提到的袋子里或是贴到剪报本上，此后便能够很有效地提醒自己。

随着时间的流逝，剪报本上的内容有时也会变得不合时宜。把所有内容都保留下来并非明智之举，一味地囤积反而会降低整体的利用价值。要慎重筛选、时常整理，也就是去芜存菁、删繁就简。这就好比不减掉身上的赘肉，身体就无法灵活运转。这一道理也适用于碎片收集。

卡片和笔记本

当我们想调查一件事，进一步了解的时候，首先要做的就是收集这方面的相关信息。

近来非常流行百科全书，大部分东西都会出现在上面。一般来说，通过百科全书就可以了解一个大致的概念。如果不需要十分详细的信息，或者说急用的时候，百科全书反而有些晦涩难懂。如果想尽快获取一个概念，那么比起简单的概要叙述，冗长的百科全书便显得有些不合时宜了。

相反，如果想要做正儿八经的研究，那么非百科全书不可。书的结尾处还会注明众多参考文献，根据这些文献按图索骥，便能收集到更多的知识。

当我们收集知识的时候，系统性地收集是非常重要的。如果看什么都觉得很有意思，然后从头开始全部收集，只会堆砌成一座如碎片般杂乱无章的大山。还没开始调查，头脑里已经是一片糨糊。

在我们做正式的调查之前，首先要明确需要调查什么，为了什么而调查。如果火急火燎地看书，不利于发挥那些辛辛苦苦收集起来的知识的价值。

那些想着要去调查些什么的人，总是有些贪婪。他们总想着可以一步到位，面对任何事情都是拿来主义。这样一来，反而会降低所收集的知识的价值。我们真正需要做的是明确对象范围，不要被乱花迷了双眼。然而在刚开始，很难做到这一点。

总而言之，在我们投入调查之前，必须好好斟酌，细细思量。如果事先不做好充分准备，只是先看书，中途很可能需要重整旗鼓，得不偿失。

说到调查时的信息收集，一般有两种方法：一种是卡片，另一种是笔记。虽然这两种方法人尽皆知，但是很多人并不知晓实际运用起来有多难。

首先是卡片法。最近市面上出了很多具有不同主题场景的卡片。虽然可以直接去买这类卡片，但是如果中途再更换卡片也不好。看准一种卡片后大量囤积也有些滑稽。

即使不是市面有售的卡片也没关系，我们可以亲手制作一些使用起来得心应手的卡片。

虽说是手工制作，其实也可以定做，或是把不要的纸张裁剪下来制作。无论是哪一种形式，不要对卡片外观太过执着，在这方面太过挑剔，反而无法将卡片运用得恰到好处。

一说到做卡片，大家难免会有些紧张。其实大可不必，即使是剪下来的纸也无妨。不过如果大小尺寸不一，之后会不好整理，所以尺寸方面最好保持一致。

在阅读自己心仪的书本之前，要准备好这样的卡片。在阅读过程中，遇到十分精彩的内容时，就可以写在卡片上，写法也是各式各样。可以把相应的内容抄录下来，如果文章太长，会花费很多时间，此时只要把关键部分摘抄下来即可。总之，边记卡片或者笔记边读书会拖慢进度。

尤其是在开头，总忍不住想把看到的内容都记到卡片上。这也是因为事先储备的知识量太少了，以至于一看到什么就想记下来。如果卡片越积越多，就说明知识储备不足，没必要因自己收集了很多卡片而感到骄傲。

每张卡片上的内容，有两点必须记录。首先就是出处。

必须明确记录出自哪本书的哪一页，否则可以认为这张卡片没有价值。同一本书可以写出几十张、几百张卡片。如果觉得因为是同一本书就不需要一一记录书名了，就好比断了线的风筝。为了在今后依然能回忆起这本书，即使是简写也必须注明出处。

还有一点，要在脑海里给卡片拟一个题目。有时候，用一个题目把内容简洁明了地表达出来非常关键。如果急急忙忙地写了一个粗糙的题目来敷衍了事，反而有害无益。所以写题目的时候要花心思。这是一个熟能生巧的过程，如果无法适应这一点，之后的进展便会困难重重。如果绞尽脑汁还是拿不定主意到底选 A 还是 B，倒不如把两个题目都写下来，这也不失为一个好方法。无论如何，一张没有标题的卡片毫无价值。

卡片法中，最让人头疼的地方就在于卡片的整理与保存。一不留神，花了一番心思辛苦整理出来的卡片可能就会遗失。因为卡片都是凌乱分散的，所以即使丢失也不容易看出来。不过，可以做各种各样的排列组合，是它的便利之处。

等到卡片越来越多的时候，可以用来整理卡片的箱子就成了宝物。为了不丢失卡片，需要提前做好准备。根据卡片箱里的项目来分门别类地保管卡片，之后就可以快速取出用作参考。

接下来，就是做笔记的方法。这在卡片系统出现以前就已经存在了。不需要特定的主题，只要觉得什么东西有意思，或者将来可能对自己有所帮助，就可以写到笔记本上。还有，准备论文的时候，也可以把跟主题相关的内容记录下来。

在前面写卡片的地方我也提到过，如果一味地做记录，会导致内容过多，到头来能让自己沾沾自喜的只有数量。把所有细枝末节都记在笔记本上，越往后就越会觉得重要的东西变多，自己需要掌握的信息也更多。这是一个不可忽视的问题。长此以往，就不得不把整本书复印下来了。

为了避免这种问题的出现，刚开始阅读的时候先不要记笔记。例如，首先阅读开篇。之后再回过头来看一下，把重要的内容挑出来做笔记。或者，读到每一章节的小结处，再回顾重要的地方，去做笔记。这样就可以避免把整本书复印下来的恶性循环，只不过这样做可能会遗漏一些细节。

如果是借来的书就另当别论了，但如果是自己的书，可以用铅笔一边阅读一边做记号。可以先准备好红、蓝、黄等彩色笔，然后在跟自己想法一致的内容下画蓝线，跟自己观点不一致的内容画红线，提供给自己新知识的地方画黄线。这样一来，就可以掌握这本书大致的思想框架，非常方便。进一步说，因为这本书是自己的，所以就要下定决心，以牺牲自己的这本书为代价，收获成效。

　　从图书馆里借阅的书籍，在上面做记号会影响之后的读者，所以绝不能在上面划线或者写批注。做不到这一点，就是缺失公德心的表现。

　　跟卡片一样，笔记本上的每个项目不可缺少标题。但是笔记本中每个项目都是固定的，所以无法更改顺序。

　　为了提升笔记本的利用价值，可以把标题归纳总结下来，做成一份索引。这样一来，什么同什么有关联性，也就一目了然了。

积 读

当我们在做调查的时候，会一边读书，一边把内容记录到卡片或者笔记本上，一直以来这是最正统的方法。但是即便如此，也不是所有人都会使用这个方法。事实上，即使不用这个方法，也不会因此无法整理知识。

在之前的章节里我提到过，无论是记卡片还是记笔记，都必须一字一句地记录下来，非常花费时间，好不容易写下来的内容也不是全部可以在之后发挥作用。即使在很久以后发挥了作用，也是偶然事件。我们不能保证它一直处于激活状态，甚至稍不留神，可能已经忘记还有这么一个笔记本。

制作卡片也好，笔记本也好，都不是轻而易举的事情。好比售后服务的事情往往都有一大堆。管理不好，就会造成手中的资料堆积成山。

人与人之间也有合适与不合适之分。对其他人来说非常合适的方法，对自身来说却并不适用。这样的事情并不在少数。

接下来我要介绍的，既不是卡片，也不是笔记本，而是把知识收集起来，然后归纳整理。写论文的时候，很多人都用这个方法，也就是"一不做二不休"式的独门读书法。

首先，要收集跟主题相关的参考文献。尽可能多地收集书目，直到收集不到相关文献了，再把所有书放到桌子的一角。

接下来，从头开始阅读这些书籍。如果做一些多余的事情，往往很难读完这些书籍。只需在适当的时候做一些备注，不必做卡片或者笔记。

有些人看到这个方法会担心，岂不是很快就忘记了？这一类人就属于卡片派、笔记派。有这种倾向的人，很难实践这个"一不做二不休"的做法。即使模仿了也不可能进展顺利。

将一切都记录到头脑中，毋庸置疑会遗忘。但是，同记笔记、记卡片的时候一样，我们不会把一切忘得一干二净，这十分不可思议。

也不知道是什么缘故，本以为记录下来就可以安枕无忧了，却像在促使我们遗忘。曾经有一位学者，将他的一个同乡后生一字一句记录下他的授课内容的行为，称为愚不可及。现在的大学生虽然已经不再做笔记了，但是在二战前，在课堂上逐字逐句记录老师的授课内容却是常识。为了方便学生们做笔记，当时的教授也是一句一句说得非常缓慢。

那位大学者或许已经意识到，那个时代的人们全程只做笔记的行为并不有助于记忆。除了重要的数据以外，只要记下极其重要的几点就可以了。据说这样反而会让人印象深刻。

当我们在写字的时候，注意力会转移到字上，忽略对内容的把握。曾经有位女士来听我的演讲，她全程都在争分夺秒地做笔记。会场里很多人都低着头，在黑黢黢的地方，握着铅笔或者钢笔奋笔疾书。他们很有可能被笔记派的想法束缚了。首先，这种情况下做的笔记，之后是不会再去回顾的。其次，写字的时候会忽略讲话者的思路，结果就是竹篮打水一场空。所以一边听演讲、一边记笔记并不是明智的做法。

也不知道是哪位朋友跟我说起，现在记笔记的听众，尤其是女性，已经越来越少了。不知不觉地，情况已经发生了很大的变化。但是演讲主办方里面还有很多老古董，他们常常会为看到很多听众在认真做笔记而沾沾自喜。而且，在报纸上也偶尔能看到描述这类场景的词句。

然而，我想强调的是，那些全神贯注听讲的人更能记住内容。

还有一点是是否感兴趣的问题。即使不记笔记、不做卡片，只要是自己感兴趣的内容，就不会轻易忘记。会遗忘就是自己对它并不感兴趣的一个证明。只要你的求知欲足够强烈，只要把内容写到头脑中的笔记本里，就不会轻易遗忘。如果不相信自己的头脑，那就太可怜了。喜欢"一不做二不休"的人士，就是这样思考的。

假设有十本相关文献摆在面前，一册一册读下去，到了第三册的时候，就会发现相互之间有重复的地方。这时候就可以理解，这些重复的内容已经成为共识，或者说是常识。如果出现了跟上一本书观点相反的地方，就可以知道这一方面的知识众说纷纭，没有形成固定的体系。

第一本书往往最花费时间，建议大家从一般程度的书籍开始阅读。相同问题的书读得越多，之后即使不细读，能理解的内容也会越多。或许会认为阅读第一本书花了三天，读十本书就要花三十天，其实并不是这样计算的，一口气读完反而更有效。

读完以后，要尽早写出总结归纳性的文章。因为一旦兴致冷却，就会加快遗忘的速度。即使不会遗忘关键部分，对一些细节的记忆也不会一直保持新鲜。

当无数的知识和事实在头脑中一窝蜂地盘旋时，要把它们总结出来并非易事。因为很多人都不喜欢归纳总结。既没有卡片，也没有笔记，所以必须在遗忘以前，将头脑中的笔记整理出来。

把书本积累起来，然后逐一攻破的方法，可以称作积读法。一般来说，所谓的藏书不读，就是指不断地积累书籍，但是却不做阅读。按照字面意思，积读法是把书本积累起来，然后加以阅读的学习方法。这个方法卓有成效。可以想象，过去有很多人用这个方法来学习和积累知识。

把自己的头脑作为笔记本、卡片来使用，按照需要，把记录到里面的内容一一抽取出来。这要求我们具有非常强大的记忆力。过去的学者中，很多人都博闻强识，这不是什么稀奇的事情。

在书本还不多，参考文献、查阅用的辞典等还没有广泛传播的时代，要想获取知识，只能依托自己的大脑。如今，书本越来越多，唤醒头脑中忘却的事情的手段越来越多，我们的头脑反而变得越来越健忘。现在称得上博闻强识的人已经少之又少了，即使被称为博闻强识，也不像过去那般让人肃然起敬了。

不过，暂时的博闻强识对于知识的整理是非常有效的。积读法可以通过集中阅读、记忆，在短时间内把一个人塑造得对某一问题具有渊博学识。

但是如果不立刻把这些内容记录下来，强记下来的东西很快就会消失。即使写成了论文或者文稿，也会因为感到安心而遗忘。反之，如果一直执着于此，就会妨碍之后的知识获取以及藏书不读的学习。然而，无论遗忘得多么厉害，总有一些东西会遗留下来。

这些内容跟这个人最深层次的兴趣、喜好紧密联系在一起。即使忘记了也没有大碍，人们依然会沉淀下难以忘却的知识点，并就此形成每个人独特的知识个性。所以，在运用积读法的知识分子中，很多人都具有鲜明的个性，这不是偶然事件。

乍看之下，会觉得这些人在偷懒。然而积读法在具有古典气息的同时，也具有现代意义。我们常常会在无意识的情况下学习，就是受到了积读法的无形影响。

手帐与笔记本

当脑海中浮现出一些灵感的时候，必须让它们暂时沉睡一下。虽然可以把它们暂时搁置在脑海中的一角，但是或许一不小心，这些灵感就会消失不见。这样一来，好不容易得来的灵感就白白消失了，甚是可惜。为了不让自己忘却，同时又让这些灵感沉睡一下，而且不是让它们一睡不醒，就需要我们花些心思去琢磨如何把握火候。

如果没有一种"这样就可以了"的安心感，就无法让灵感暂时沉睡。过一段时间后，必然会遗忘。但是，忘得一干二净可不是什么好事情。需要暂时忘记，但又不能让自己完全遗忘，该怎么做？这就是问题所在。比起永远记住一件事情，这是更高的要求。

记录下来然后放好，就是解决方法。

先把东西写下来放好，做到这一点就可以让人安心了。通过这个方法，也可以让自己暂时忘却。下次一看到记录，就可以重新回忆起来了。让自己的所思所想暂时沉睡一下，并不是指放在脑海里，而是放在纸面上。

还有一个要点，把当下能掌握的重点记录下来，而不是让它沉睡。"嗖"地一下跃入头脑中的灵感，也容易"嗖"地一下从头脑中消失。一旦遗忘了，做再多努力也不可能回忆起来。

一旦想到点什么，就要在当下把内容记下来。即使在那一瞬间不觉得这个想法有多亮眼，我们也很难预测此后会有多么精彩的呈现。如果因为当时没有记录下来，导致自己与一个绝妙的想法擦肩而过，就太遗憾了。还有，想法不仅仅是坐在书桌前才会涌现的。

之前的章节里，我提到过三上，即马上、枕上、厕上。马上，用现今的话来说，就是通勤班车。枕上就是床上。厕上就是洗手间里。这三个地方无论是哪一个，看着都不像可以想出好点子的地方。但是，正是在这些地方，对于那些不愿再深究下去的问题，我们反而会灵光乍现。

假设进入洗手间后，恰巧在这里获得了启发，往往会无能为力。一心想着把灵感记到笔记本上，匆匆忙忙跑出来，这时候灵感或许已随着洗手池里的水哗哗流走了。

这种情况下，如果不养成记笔记的习惯，就会错过很多很好的想法。马上、车上也好，枕上、床上也好，厕上、洗手间也好，要尽量在触手可及的地方备上便签。一有什么想法，就可以立即拿起便签写下。

如果是枕上，可以放几张大纸和铅笔。在夜里醒来，脑海中浮现出灵感的时候，即使不开灯也可以凭借手感写到纸上。早上醒来一看，字虽然有点凌乱，甚至还有重叠，但仍可以找到方向，足够作为线索了。

像高斯或者霍尔茨这一类人，他们可以从睁开眼睛那一刻起，就拥有一个灵感好似云朵般涌现的清晨。但是对于普通人来说，起床以后再说，想法就烟消云散了。如果能在枕边放上纸和笔，那么无论什么时候都可以记录下来。在这样的清晨，或许我们会为了抑制内心的雀跃而大费周章。

最简便的方法就是随身携带手帐出门。只要准备一本普通的手帐就可以了。每天的栏目都要用来记录想法和灵感，当然日期和背景都可以忽略。如果须要节约空间的话，就用小字，挑选要点记录下来。一个项目完成了，就划线进行区分，这样一页上可以写很多临时想到的东西。

顺便在开头的地方写上号码，这样查找起来会方便很多。写上日期，就可以知道这是什么时候想到的事情。例如图 1 就是这样。

作为备注，如果在栏外附上类似标题的内容，那么在之后查找的时候会很有帮助。刚开始虽然有些麻烦，但是如果习惯了，就会本能地摸出手帐，在上面做记录。

可以让记录到这些手帐中的想法暂时小憩一下。也就是让它们短暂沉匿一下。等过一段时间后，再次回顾一下。

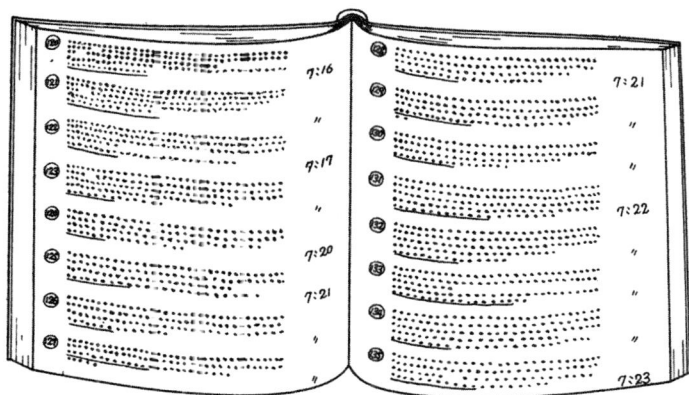

图 1

这样一来，原本自己非常中意的方案，或许看起来好似沐浴在朝阳下的荧光。

也就是说，想法在沉睡的过程中夭折了。也不必为此感到惋惜，如果在沉睡的过程中它没有长大，就说明没有缘分。

重新再看一次的时候，还是觉得它很有意思的话，就说明这个想法还有脉搏。不要就这样把它搁置，再去看看有没有更适合它沉睡的地方。

准备另一本笔记本。把手帐上沉睡了一段时间后尚有脉搏的内容摘出来，移到这本笔记本上。这本笔记本最好不是那种粗制滥造的便宜货。我用的是一本英文日记本。除了在背景、日期和栏目上印着英文谚语之外，它就跟手帐一样，无视这一切，正适合用来记录自己的想法。大家可以参考图2。首先在A处写上标题，即具体是怎么一回事。接下来，把手帐上的内容逐条写下来。这就是B。原本手帐上只有三条内容，在移到新的笔记本以后，整理出了五六条，这说明在沉睡期间，想法又一次膨胀了。

C是转移到笔记本上的时间。D是在手帐上的编号。E是如果有相关报纸或者杂志的剪报，可以粘贴上去。

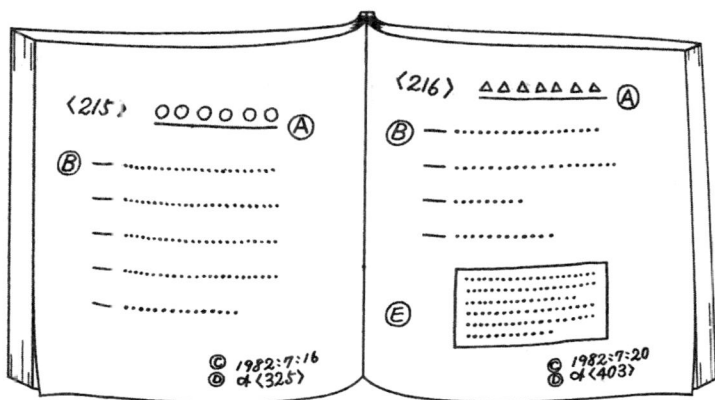

图2

做这样的笔记本，可以把手帐上尚未夭折或腐烂的内容挑出来转移过去，让它们再次沉睡。让它们发酵，使灵感迎面而来，从而可以总结归纳，一有机会还能写成文章。

如果你收到了约稿请求，告诉你"无论是什么内容，只要尽情书写就可以了"，就可以翻一翻自己的笔记本。看着标题，如果有好的想法出现，就可以把目光停留在这一页上，如果感觉自己可以写点什么，就把它作为题材。

如果已经沉睡了很长一段时间，又再次被唤醒了，那么即使只是一个小小的想法，也不会是中途便腐烂夭折的短命鬼。它已经越过了落伍的标签，通过了我们头脑中的关卡，如此一来，通过他人头脑中的关卡，想来也不困难。

对那些已经写成文章或者发表了的内容，就可以在该页的上方划两道红线。如果被做成了演讲材料，就可以在同样的地方划一道红线。在每一页的下方用同样的红笔写上演讲的场合以及时间。到此为止，想法的一生也就终结了。

递进笔记本

通过前面所述的方法，笔记本就做成了。

但是记录到笔记本里的内容，有一部分早就无人问津，有一部分则会随着时间推移变得越来越有意思。

把这些内容放在一起并不可取。应该把那些还有脉搏跳动的内容转移到其他笔记本上。在笔记本上，可以根据前后关系，产生上下文。主题的雏形就被包裹在这些上下文里，并且会受到这些内容的影响。当然也有可能会妨碍新事物的发展。

人也是通过上下文来制定自己的规则，通过与周边事物的关系来实现自我价值。一旦属于某个群体，就会作为这个群体的一员活动，在不知不觉间束缚自己。

在 A 学校的时候还是个名不见经传的学生，转到 B 学校以后，有的学生的人生突然像开挂了一样，突飞猛进，而有的学生却变得越来越无声无息。当我们改变了环境以后，新的萌芽或许就此产生，对于这一点我十分感兴趣。

在疾病治疗的手段中，有一个方法就是转移治疗。转移到风土人情都不尽相同的地方之后，病情得到缓解的例子非常多。正因为如此，这个治疗方法才会被广泛运用。虽然我们大多认为无论住在什么地方，人还是这个人，没有什么变化，但是这片土地上承载的空气、对生理的影响发生改变以后，我们的身体也会发生巨大的改变。这样一来，转移居住地的方法就可以带来有别于药物的治疗效果。

植物也一样，如果一直让它待在苗圃里，很难发育成长。比如稻子，把稻苗移植到田野后，突然就会长势迅速。由于直接播种不能长得很快，所以才有了第二道工序即移植的意义。

即使是多年生植物，比如长势不太好的树木，一旦移栽到别的地方，也会以惊人的速度快速生长。所以说，植物也是在周遭环境中成长起来的，如果能够适应这种环境，它就能快速成长，如果无法融入其中，则很难发育成长。

园艺家们往往对这些事情了然于胸，会把植物种到适合它生长的地方。对于一些没有经验的门外汉来说，往往会遭遇滑铁卢。

　　出现在我们头脑中的思考的生命也是如此。对于它们来说，也有适合与不适合的环境之分。改变环境以后，值得期待新生命的诞生。前面所讲的给事物一段沉睡时间，其实也是这个道理。通过时间的酝酿，原来的环境必然会发生改变，使我们能够期待焕然一新的面貌。即使不是移栽，还在同一个地方，如果周边的土壤和环境发生变化，也能获得移栽的效果。

　　从手帐到笔记本的过程，就是移栽的过程。尽管表面上看起来像是原封不动地移栽过去，实际上并非如此，多少都会有变化。最重要的就是，可以脱离原来的前后关系，通过新的前后关系，把它置于一个全新的环境中。

　　环境一旦发生变化，意思多少也会变化。把手帐里的想法转移到笔记本上，仅这一个动作就具有全新的意义。从原本的环境里切割下来以后，或许就可以让它呈现出新的面貌。

　　接下来，把这个笔记本里的思考、想法再次转移。在它们沉睡的过程里，有些已经进入深度睡眠，有些则睡眼朦胧。如果一直把它们放在里面，也不是好主意。把那些还存活着的，即将活动开来的东西转移到新的地方，这样一来或许会使它们更加活跃。

在原有笔记本的基础上，再做一个笔记本，称为递进笔记本。

我之前介绍过的笔记本都是一个主题一个页面，而递进笔记本则是一个主题两个页面。也就是用两个开页讲述一个主题。开头的地方写上标题，再写上编号，这跟之前的笔记本相比并没有变化。把原有笔记本上的内容整理出来，然后按照一条一条的顺序排好。此外，还要留下一些空白的地方用于记笔记。例如图 3，标题下方的"cf"是在原有笔记本里的索引号。右边页面横线以下的内容记录的是转移到递进笔记本上以后意识到的事情。如果这一页写完了，就贴一张纸继续写。将同一个主题重新写到另一个地方时，可能会出现遗漏，要避免这种情况。

标题右边的日期是移到递进笔记本上的日期。这是为了让自己知道从一开始到经历发酵大约经过了多长时间，也可以知道从原有笔记本迁移到递进笔记本已经有多长

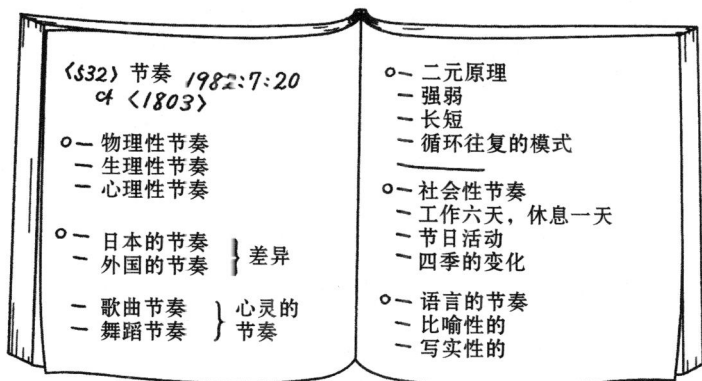

〈§32〉节奏 1982：7：20
α〈1803〉

○— 物理性节奏
— 生理性节奏
— 心理性节奏

○— 日本的节奏
— 外国的节奏 } 差异

— 歌曲节奏 } 心灵的
— 舞蹈节奏 } 节奏

○— 二元原理
— 强弱
— 长短
— 循环往复的模式

○— 社会性节奏
— 工作六天，休息一天
— 节日活动
— 四季的变化

○— 语言的节奏
— 比喻性的
— 写实性的

图 3

时间。

写到递进笔记本上的东西，对自己来说非常重要，应该是历经很长一段时间都会让自己兴趣浓厚的事情。正因为如此，不需要每天翻看。既然已经做好记录，就可以安下心来，暂时让自己的头脑放空一下。而且，主题本身也被放到一个新的环境中，可以让自己再一次从对这件事物的兴趣中解放出来。这样一来，我们的思考或许会悄悄地变大，或者悄悄消失。

向他人展示自己的记录方法可不是什么好事。我也不想做这些事情。但是仅凭一般做法很难有所收获。除了以我自身经历的事情为基础来讲述之外没有更好的办法，所以我特意展示了自己的做法。

手帐需要跟计划表一起使用。所以到了年末，我会使用从别处获得的笔记本。便签上的记录很多的时候，一年要用四五本手帐。最近这段时间，基本上一本手帐就足够了。即使这样，一年下来也要写一千到一千五百个项目。过去，在我疯狂做笔记的时候，也曾突破一年写一万个项目的大关。

无论什么时候，我都不会放下手帐。一旦脑海里有想法闪现，或者听到有意思的事情、读到有趣的东西，我从没想过要等一会儿，全都在当场写下。这是记笔记的原则。如果没有在当下记下来，越往后就越难做到。

前面我写道，自己曾用英文日记本作为笔记本。递进笔记本我用的也是英文日记本。因为如果大小不一致，放到书架上就不整齐了。

但是如果不清楚区分笔记本和递进笔记本，往后就不好办了。我想要一眼就能区分，所以会采用不同的颜色。笔记本用白色的厚纸包起来，递进笔记本则用茶色的牛皮纸来包。每一本都写上卷号，按照顺序排好。在我持续了二十多年以后，书架上茶色的递进笔记本有二十二册，白色的笔记本也有三十一册。看着这五十三册笔记本，想到我的所有思考都记录在内，心情就无比明快。

第四章

如何使思考更为活跃

大脑的整理

当我们还是孩子的时候，就常常被告诫"必须要记住"，一旦忘记就会被叱责。也是因为这个原因，我们对遗忘这件事一直抱有恐惧心理，把它定性为一件坏事。

学校之所以会命令学生不能遗忘，要好好记牢，也有它的理由。学校是向学生传授知识的地方，把增长学生的知识作为目标。老师们好不容易传授的知识，如果从一开始就被学生们丢弃，是很棘手的事情。所以学校会要求学生们牢牢记住知识。为了检测学生们是否记住，还会时常考试。如果学生没有记住，就会给他扣分以示警告。于是大家形成了一个共识，即分数越高越好。不知不觉间，大家都变得害怕遗忘了。

社会上的人们普遍认为，受教育程度越高就越聪明，拥有的知识也越渊博。也就是说，他们能记住很多东西。头脑卓越与否常常同记忆力是否强大结合起来。于是，在我们身边也出现了很多活字典。

这里要提出的一个问题就是，我们如何看待我们的头脑。

一直以来的教育，让我们把人类的头脑看作仓库，不断地储藏知识。因此仓库越大越好，里面塞的东西越多就越强大。

我们一边费尽心思储藏知识，一边又不停地遗忘，所以"不要忘记！"已经成了一个口号。偶尔还要做库存检查，看我们的仓库里有没有少了什么东西，这就是考试。

对于像仓库一样的头脑来说，遗忘是最大的敌人。而学识渊博则是有学问的表现。然而，人类的大脑已经出现了非常强劲的对手，就是电脑。它作为仓库具有非常卓越的性能。储存到电脑里的东西不会丢失，需要的话很快就可以从里面找出来，其整理功能也非常健全。

伴随着电脑的出现和普及，将人类大脑当作仓库来使用的认知也开始受到质疑。想让人类大脑像电脑一般运作是不现实的，事实上也不可能战胜电脑。

于是，大家终于意识到人类的创造性这一问题。也就是说，人类必须能够做电脑做不到的事情。

人类的头脑一方面要继续发挥仓库的作用，又不仅限于此。人类的头脑必须成为能够思考出新事物的工厂。作为仓库，只要保证储藏在里面的东西不遗失就可以了，但是要想制造出新事物，仅有保存保管的能力是不够的。

第一，工厂且若是放进一些乱七八糟的东西，作业效率就会降低。把多余的东西处理掉，整理出一个广阔的空间是非常有必要的。但是如果把所有东西都处理掉了，工作也就无法进行了，所以整理非常重要。

即使是仓库，整理也是不可或缺的。这是把现有的东西按顺序排列好的整理。与此相对，工厂内部的整理就是把妨碍工作的东西全部处理掉的过程。

这个所谓"工厂的整理"就是忘却。如果把人类的头脑视作仓库，虽然忘却被视为危险的行为，但是对于仓库来说，要想让它更高效地运转，就必须不断地忘却。

对于这一点，现代人很难看透，所以把工厂当成仓库来用的大有人在。这样一来，就形成了既不能发挥仓库作用，也不能发挥工厂作用的头脑。电脑无法做到忘却，而是执着于仓库的功能。作为人类的大脑，就要将重点放在知性的工厂建设上。它们需要各司其职。

要做到这一点，需要人们改变对遗忘这件事的偏见。因为一旦形成这种偏见，想尝试遗忘就会格外困难。

假设发生了某一突发事件，对于身处事件中心的人来说，各种各样的事情会一窝蜂地向他涌来。然后就会有各种各样的东西塞进他的头脑，让他陷入十分混乱的状态。这时他会茫然不知所措。这就是"忙碌"。"忙"这个字是一个竖心旁、一个亡，按照字面意思就是心丢失了。处于忙碌状态中的头脑是无法高效运转的，所以不能让我们的头脑陷入忙碌之中，当然如果仓库中满是破烂儿也很棘手。

在日常生活中，为了不让我们的头脑陷入忙碌，身体会自发地整理它，让它保持一个平衡状态。

这就是睡眠。

躺到床上，然后入睡，这时候就进入了快速眼动睡眠（REM）。这期间眼睑会不停地跳动。我们的大脑开始整理一天之中发生的事情，哪些需要记住，哪些需要处理，哪些需要忘记，头脑都做了区分，也就是自然忘却。

早上睁开眼睛，我们之所以会感到神清气爽，是因为在晚上头脑得到了有效的整理。如果因为某些事情妨碍了大脑的整理，早上起来就会感觉特别疲惫，脑袋也很沉。

早上的时间虽然是一天之中用来思考的黄金时间，但也要建立在头脑得到了充分的整理，运转平稳顺畅的基础上。

过去人们日出而作，日落而息，靠着大自然给予的具有遗忘功能的睡眠，我们可以给头脑做彻底的大扫除。然而，现代人类生活在一个信息爆炸的时代，那些明明非必需的东西，却很容易堆积在脑海里。靠晚上的快速眼动睡眠时间不足以消化所有东西。如果就这样放任不管，脑袋里积存的东西就会越来越混乱，让自己处于一种忙碌状态之中。神经衰弱往往也是由此引起的。

曾经我们总觉得遗忘可耻，就把脑袋当仓库来用。那时我们的脑袋还有很大的空间可以利用，而随着社会发展，放到里面的东西越来越多，空间却是有限的。不仅要把脑袋作为仓库，还要让它发挥工厂的作用，不断创造。让无关痛痒的东西在头脑中继续占用空间，明显不合时宜。

于是，忘却这件事情就变成了需要我们努力实现的事情。

长期以来，很多人都没有认真考虑过这个问题。即使被要求"那么就试着忘记吧"，也无法做到。不过要记住一点，我们的头脑有进就有出。如果只进不出，那就会发生爆炸。

　　我们进食以后，把食物消化，需要吸收的东西被吸收进体内，不需要的则被排出体外。如果只进食不排泄的话，就会便秘。延续至今的填鸭式教育，一不小心就可能造成消化不良，导致便秘。如果摄取得越来越多，就应该不断排泄。忘却就相当于这种排泄作用。如果把它视为眼中钉，就大错特错了。

　　一方面我们在学习，获取知识，另一方面也需要处理和整理。什么是必须的？什么是不需要的？如果不明白这一点，即使是一张旧报纸也无法整理好，因为我们没有空闲去一一思考斟酌。我们应自然而然地把今后看似需要的东西和并不需要的东西区分开来，进行新陈代谢。

　　为了让脑海运转得更加灵活，"忘记"变得极其重要。要让我们的脑袋变成一个高效运转的工厂，就需要不断地遗忘。

　　遗忘，是基于我们的价值观发生的。如果是有趣的事情，那么即使非常细微，也很难遗忘。如果没有坚定不移的价值观，就会忘记重要的东西，记住一些无关紧要的东西。对此需要做进一步思考。

关于遗忘的种种

一心想着不能遗忘，结果还是会不受控制地忘得一干二净。反而是那些想尽快忘却的东西，就像粘在脑袋里一样，无论过了多久依然印象深刻。所以记忆不会事事顺心。

一直以来，我们都把遗忘视作眼中钉。不知道怎样才能遗忘，要立刻想出精妙绝伦的方案也不是易事。一个不会忘却的、永远处于忙碌状态的头脑，生长不出美妙的想法。结果只能念叨着该怎么办，始终找不到正确的方向。之所以会这样，也不单单是因为在学校里没有学习遗忘的方法。

在上一节里，我讲述了自然遗忘法则，即睡眠。如果靠这个方法就可以解决一切，自然是妙不可言，但是如果不能顺利进行，事情就有些棘手了。

面对那些让人憎恶的东西，想立刻忘得一干二净也是人之常情。古往今来的人们都是这样。一个人喝着闷酒，喝到酩酊大醉，像一摊烂泥般呼呼大睡。等到醒来一看，都不知道自己身在何处。结果，那让人痛苦不堪的事情也就忘记了。

　　虽然醉酒伤身，但是活在这世上，如果只是抱着那些让人痛苦不堪的事情，经历无数失眠的夜晚，绝不会有益于身心健康。喝闷酒虽然会让身体承受一些痛苦，却可以冲刷掉自己头脑中有害的东西，这也算是一种智慧。作为忘却的方法，这或许是一种很原始、激烈的做法，且有一定的效果。

　　不过，无论有怎样的效果，长期喝闷酒的话，暂且不说对大脑有什么影响，对身体必然不好。如果不是什么天大的事情，就不要使用这招。

　　想给自己换个心情的时候，就需要暂时搁置过去一段时间的事情，用一个全新的头脑去思考事物。在这之前，需要先给大脑做个大扫除。说实话，这种时候可没有工夫喝闷酒发牢骚。

　　其实可以离开书桌，出去喝杯茶。当周边环境改变了，我们的心情自然会发生变化。前面我也写过转移阵地的事情，这也是暂时转移阵地的一种方式。这样一来，心情就会焕然一新。加上喝点东西，情绪自然会发生变化。这时候的饮料，用英语来说就是 refreshments（茶点）。所谓refresh，指"让情绪变得爽快明朗、宛如新生"，是一个动词。再把它变作名词 refreshments，就是指"小点心、茶食"的意思。

虽然没有醉酒那般激烈，但是吃进嘴里的东西，也可以冲洗掉那些盘桓在脑海中的烦恼，做一下整理。想必这也具有遗忘效果。

换一件事情去做，可以让我们忘记现在的事情。前面我也写过，心急吃不了热豆腐。如果连忘记一件事情的空暇都没有，自始至终执着于一件事情，反而连会做的事情都变得不会做了。所以必须要让自己忘掉。

很多人会因此很努力地遗忘，但往往事与愿违，再怎么做也遗忘不了，收效甚微，反而更难忘记。这就好像睡不着的深夜，越睡不着，越焦虑不安，结果便是彻夜未眠。这种时候就要去读书，阅读深奥难懂的书籍。过一段时间，就会发现自己困得不行，令人不可思议。

想要让自己遗忘的时候，也可以去做别的事情。做完一件事情以后，马上去做一件截然不同的事情，过一段时间以后，又会让自己面临新的问题。如果长期坚持做同一件事情，疲劳会越积越多，效率也会降低。所以我们有时候需要休息一下，让自己换个心情。如果是去做另一件事情，那么不特意休息调整也可以让自己放松。

学习用功的人从早学到晚，一直在思考同一个问题。虽然看起来非常勤奋，实际上并没有什么效果。所谓"田舍向学不如京城昼寝"，就是指那些拥有大把时间的人，即使沉浸于一件事情拼命学习，忘记了时间，也鲜有收获。反而是那些做一会儿休息一会儿的人更有收获。

不知道是谁发现了这个道理，很好地实践了这件事的例子就是学校的课程安排。上完国语课以后是数学课，接下来是社会课，之后是理科课程、体育课，最后是手工课。这样看起来，似乎学的都是些毫无关联的东西。也有人觉得这是填鸭式教育。要不要学得再系统一些呢？于是有些学校进行了变革，开始尝试两节课上同一科目，但这似乎反其道而行之了。暂且不说想要打造一个仓库式的头脑，如果想要培养一颗会思考的头脑，学会遗忘也是一种学习。

要学习遗忘，接触完全不同的事情会得到很好的效果。学校的课程安排就践行了这一理念。

而且，在每节课之间还给学生留出了休息时间。这是用来做遗忘准备的休息时间。让学生们尽情地在校园里奔跑雀跃，大口呼吸新鲜空气，是最好不过的放松和调节。

此外，让身体大汗淋漓也是一个非常好的忘却方法。出汗以后觉得神清气爽，就说明我们的头脑得到了非常好的清理，忘却也正在发挥它的作用。适量的运动对于促进忘却具有不可或缺的积极意义。血液循环是身体运行的一部分，如果体内的血液得不到很好的循环，要想让我们的头脑得到优良的循环，就是天方夜谭。

散步虽然不至于汗流浃背，却也可以让身体动起来，对于促进遗忘有很好的效果。关于这一点，古人们似乎早已意识到。西欧的哲学家们就非常喜爱散步，在自在的行走中，他们总结归纳自己的想法，引导出新的发现。

当我们非常在意一件事情的时候，或者读着读着就心不在焉的时候，不如停下来出去散散步。散步的时候，如老牛拉慢车一般可不好，最好快步向前走。过一段时间以后，情绪会开始发生变化，笼罩在脑海里的阴影也逐渐散去，变得越来越敞亮。

如果能够这样散步三十分钟，那么脑海中记忆最鲜明的东西也会逐渐清退，让我们变得非常舒爽，那些已经忘记了的开心或者重要的事情会被重新唤醒。这样一来就完成了头脑的整理。回去以后再次面对书本的时候，书里的内容就会更有效地进入脑海。

在之前的章节里我也提到过，能让我们遗忘的，大多是一些没有太大价值的事情。至少如果在内心深处觉得这些东西没有多大意义，就会在不知不觉间遗忘。而有一些事情即使再小再细，只要感兴趣，一直在关注，就不会轻易遗忘。所谓遗忘，就是对价值做区分和判断。

我发现一边听着演讲或者讲义，一边奋笔疾书的人并不在少数。因为他们害怕遗忘，记到笔记本上以后就会感到安心，结果往往是忘得一干二净，甚至原本不该遗忘的事情都忘得干干净净。

我几乎不做笔记，只不过有心无心地听个大概。虽然大部分内容都会忘记，但是不会忘记真正有兴趣的内容。如果一点一滴全都记录下来，会连那些有趣的事情都忘光。

对于无关痛痒的事情，记再多笔记都没关系，因为这样一来会遗忘得更快。而对那些重要的事情，反而不能做笔记。要在心里默念不能忘记，忘记就摊上大麻烦了。

人类越来越擅长用文字记录，然后再遗忘这件事情。也正因为如此，我们的头脑才变得越来越聪慧。

时间的考验

如今对岛田清次郎这位小说家有所了解的人，估计只有那些研究日本近代文学的学者了吧。对于轰动一时的《地上》（1919 年）这部作品，有所耳闻的人估计少之又少。

对于日本大正年间（1912—1926 年）的文学青年来说，岛田清次郎简直是一位天才。对此有怀疑的人寥寥无几。但是仅仅过了六十年，人们几乎已经将他遗忘。这又是为什么？在当时，很多人对夏目漱石的文学作品存有疑问，批判他的人不在少数。然而到如今，人们都把他的作品称为国民文学，在日本近代文学史上无人能与之匹敌。

可以说，在大正时代的中期，几乎没有人能预测到现在这一情况。流行，就是可以如此蒙蔽人们的双眼。所谓"现代"这一时期，无论放到哪个时代都深不可测。古代就是一个很好的例子，人们对它的认知不会有太大的偏离。但是无论何事，我们都得身临其中去感受和聆听，在当下往往无法领悟其真髓，即使是极少数明白真正含义的人，也会做出不合情理的判断。

文学史家深谙此道。偶尔也会有一些学者想要挑战一下现代文学史，但是大多数史学家越接近现代就越胆怯。一旦回溯到三十年、五十年前，他们往往会及时搁笔。

不过，既然触及了新事物，他们便常常用一句套话一笔带过。"这些作家以及作品尚未经历时间的考验，如果当下就毫无考量地评判其轻重，会显得太过轻率冒失。"

这句话的背后隐藏了无数失败的案例。为什么明明就在我们眼前的景象，理应也是我们最熟悉的现代，却让我们感到如此生疏？一个原因是，我们沿袭古往今来的观念，始终戴着有色眼镜看待这一切。我们周遭那些同样戴着眼镜的人，也无法真切地分辨出眼前那些只不过是一时的喧哗热闹。在这眼镜的背后，即使出现了新的事物，我们也往往视而不见。若是看见了，也会觉得这景象虚无缥缈，终究无法体会其真正的价值。

还有一个原因是新生事物太过崭新，以至于我们从未看到过它展现出来的姿态。木匠师傅不会用刚刚砍下来的木头建造房子。新的木头虽然看起来不错，但是不能用作建筑材料。因为等到它们干燥了，就会变弯。发生变形前的原木，只能说是木材的雏形。如果不经历时间的推移，让它逐渐变成应该成为的样子，就无法用它来建造房屋。

新的文学作品几乎也适用这个道理。刚离开作者之手的作品，就好比刚砍下来的木头。用它来建造文学之屋过于稚嫩，必须上它经历时间的考验，经历风干的过程。

随着时间的推移，即使微乎其微，也会产生风化作用。省略掉细枝末节，形成自己新的风骨，这就是古典化的过程。无论古今海外，都不存在完整延续原作所处时代的本意的经典作品。它们必然会随着时间的推移发生变化，该凋零的部分也会凋零。

有时候，甚至连作品本身都会被埋没。岛田清次郎的《地上》刚问世的时候，吸引了全天下的目光，却在不到半个世纪的时间里，几乎完全被遗忘了。即使可以避免湮灭，在时间的推移中，很多作品也展现出了完全不同于以往的姿态。

乔纳森·斯威夫特的《格列佛游记》是十八世纪的作

品。它原本是一部对当时的政治世界极具讽刺意义的作品。但是到了之后的时代，出现了一些读者们不理解的地方，随着时间的推移，这样的地方变得越来越多。一般来说，越是讽刺的地方，风化的速度就越快。终于，把《格列佛游记》当作一部讽刺作品来阅读的人也消失了。至此，即使这部作品退出历史舞台也无妨。

然而，在之后的时代里，又出现了对这部作品新的解读。它摇身一变成了一部现实主义的童话故事。与此同时，《格列佛游记》的古典化也发生了，原本是政治讽刺的地方被重新解读，于是在全世界范围内，它拥有了一大批新的读者。

所谓"时间的考验"，就是时间本身带来的风化作用。风化作用换个说法，就是忘却。经典是作品穿越读者们的层层遗忘诞生的，作者自身无法创造出经典。

在穿越遗忘的过滤网的过程中，烟消云散的事物数不胜数。绝大部分事物都会遭遇这样的命运，只有极少数可以经受住时间的考验，作为经典作品浴火重生。要想让作品具有永恒的价值，忘却的过滤是无论如何都无法逾越的关卡。

这道关卡对于五年或者十年之内的新生事物不会产生作用，如果放宽到三十年或者五十年，它就会开始发挥威力。就好像不闻不问地经历五十年，木头便会浮起来，石头则会沉下去。

如果把这一过程看作自然的古典化，那么也可以称其为人为引起的古典化。自然的古典化需要经历漫长的时光，虽说放任不管也会发生古典化，但也极有可能穷尽一生都无法完成古典化。难道就不可能用最短的时间完成时间的考验吗？

如果不付出努力，古典化就要经历三十年，甚至五十年。要想缩短这一时间，就需要自己努力去遗忘，而不是将一切都交给自然。前面我提到过要不断地整理自己的头脑，让它更容易忘却。这样一来，就可以显著缩短忘却的时间。

一些瞬间的想法在当下会让人拍手叫绝，但这只是如新木般初始的想法，必须让它尽快脱水，然后写到便签上。写下来以后才能让自己安心，安心了以后才更容易忘记。过一段时间以后再去回顾，就会发现尽管只过去了十天或者半个月，却有很多东西开始腐烂了。这时候你就会疑惑，自己当时为什么会事无巨细地把一切都记录下来？这就是风化起的作用。

把内容迁移到笔记本上的行为，换句话说，就是通过了第一次考验。过一段时间以后，重新审视一遍，就会发现有些东西已经变得索然无味了。

这就是第二次时间考验。通过了第二次考验以后，就到了前面提到的递进笔记本环节。我们可以由此看清那些未曾变化的东西，反过来说，可以忘记那些容易发生变化的东西。

忘却是通往古典化的一座里程碑。我总说尽早忘记比较好，因为如果想在头脑中尽快生成不可撼动的想法，遗忘比什么都重要。

在做思考的整理时，遗忘是最有效的。人一生中的问题过于繁杂庞大，如果把这一切都交给自然，需要消耗大量的时间。相反，如果只建造一些未经风化的房屋，就摆明了自己无法经受时间的考验。

我们应变得越来越善于遗忘。如果能以超越自然几倍的速度来遗忘的话，历史需要花三十年、五十年才能完成的古典化过程，我们用五年、十年就能做到。时间概念得到强化，遗忘就顺理成章了。这就是在个人的头脑中创造经典的过程。

那些已经戒为经典的兴趣和关注，不会轻易消失不见。

所谓思考的整理，就是如何更巧妙地遗忘。

舍　弃

知识总是多多益善，我们学得再多，总有无限的未知在等待着我们。

万有引力的发现者牛顿曾说过这样一段话："我不知道世上的人怎样评价我，我觉得自己像一个在海边玩耍的孩子，时而发现光滑的石子儿，时而发现美丽的贝壳，并为之雀跃。可尽管如此，真理的大海依然神秘莫测地横亘在我的面前。"

即使无法穷尽这一片真理的大海，知识多多益善这一点仍毋庸置疑。我们都曾经在进入小学以后，为自己的知识不足而感到烦恼不已。总之，拒绝接受知识并不可取。

我们往往拘泥于此，甚少思考如何处理进入脑海中的知识。我们就是这样了解事物的，而且不少人觉得，只要能够保存知识，就是有知识的人。

培根曾经说知识就是力量，但是仅有知识的话，至少在现代社会不能成为真正的力量。没有形成组织的知识，难以孕育出力量。

当然，不仅如此，随着知识量不断增加，超越一定程度以后，就会陷入饱和状态。无论再如何扩充知识储备，都只会导致知识的流失。最主要的一点是，对于这个问题抱有的好奇心会变得愈发薄弱，求知欲也逐渐减弱。

有一个法则叫作"收获递减"。

我们在一片土地上耕种农作物的时候，随着投入到这片土地上的资本以及劳动力的增加，产量会逐渐提高，但是到达一定程度以后，产量就不会再有所增加。支配这一现象的规律被称为"收获递减原则"。

在知识的收获方面也有着相同的情况。刚开始的时候，学习得越多，知识量会不断增加，等精通到一定程度以后就会碰壁。因为需要重新学习的知识其实没有那么多，最主要的还是因为不像刚开始的时候拥有旺盛的好奇心了，虽说初心不可忘，但是往往很难真正付诸实践。

用二三十年的时间执着于同一件事情的人，有时候却很难创造出令人瞩目的成绩，也印证了收获递减的原则。"一条路走到头"不是一条黄金法则。

只有在刚开始的时候，知识的积累才是多多益善。一旦达到了饱和状态，就需要逆向筛减，进入精挑细选模式。也就是说，必须要做出整理。刚开始是做加法，但是到了一定程度以后，就会有反向效果。这样的事情在很多情况下都会发生，很多人也因为意识不到这一点而遭遇失败。

举个例子来说，这就好比马拉松的跑道。刚开始的前半程，从起点开始，当然是跑得越远越好。到了后半程，反而是在向着起点前进，因为在起点的地方有终点线。这时候就有一个折返点，越过折返点以后，就要向相反的方向跑，如果不经过这个折返点，一直往前跑的话，无论什么时候都不会遇到终点。在知识的马拉松赛跑中，很多人都没有越过折返点，而是径直往前跑。

在越过折返点以后，仅仅增加知识是不够的，还要将不需要的东西都舍弃掉。关于忘却的要领，在前面已经阐述过了，只有通过这种方法才能赋予思想活力。

在本节我将讲述一下，对于我们获取到的知识，应该怎样舍弃，怎样整理。

家里乱糟糟的东西增加的时候，就要舍弃。旧报纸、旧杂志堆积如山的时候，就需要给它们掸掸灰尘。对此感到疑惑的人应该很少，因为如果把这些东西都塞在家里，居住的地方就会变得狭窄。

一般来说，老年人都有收藏破烂的习惯。他们看到装糕点的盒子很漂亮，就会把空盒子收集起来，结果家里的空盒子堆积如山。如果年轻人说要把它们扔了，老人家就会出来阻止，说这样太可惜了。

有些人虽然可以把旧报纸、旧杂志当作垃圾处理掉，但是对于书本，他们不会随随便便拿出去交换成卫生纸，因为总觉得以后还会有用。但是直到有一天，书本多到堆积如山了，他们才开始紧张起来，"这个那个都扔了吧"。这时候他们会一时冲动，不好好考虑一下，就开始随手处理这些书本。

等到他们松了一口气，开始查阅资料，寻找那本自己画过星号的书时，才意识到早已卖掉了。"果然，没什么事情千万别卖书，有总比没有好。"他们喃喃自语，再一次陷入了什么东西都要保存起来的恶性循环。

之所以会后悔莫及，是因为他们在日常生活中没有好好考虑整理方法。收集是很重要的事情，但是舍弃、整理难上加难。

说到知识和学习，我们会想到记忆方法、做笔记、做卡片等各种各样的途径，却很少关注整理的重要性。在学校，老师不厌其烦地提及知识的学习，却从来没有教学生如何清理塞得满满的脑袋。学生尚不知道忘却的重要性不亚于学习就毕业了，这绝不是一件好事。

即使只是整理一些破烂玩意儿，我们也会后悔没有留下来。进一步说，我们在整理知识或者思考时，一想到或许以后会派上用场，就无法整理下去了。然而即便如此，我们也必须对一些知识进行取舍，让它们自然废弃，即忘却。有意识地舍弃，则是整理。

假设现在关于问题 A 做了一千张卡片，卡片过多就难以展示，首先要把它们分成几类。觉得那些无法分类的东西太麻烦了，想一丢了事的做法是不可取的。

对于已经完成分类的事物，需要花充分的时间再次审视。如果很心急，恐怕就会忽略那些隐藏的价值。应当把一切都交给闲暇，慢慢地斟酌。很忙碌的人不适合做整理，因为他们很容易扔掉一些新奇的东西。所谓整理，就是根据这个人的关注点、兴趣及价值观（这三点在大多数情况下可以画成一个同心圆）去做层层过滤和筛选。如果没有一个明确的价值准则帮助整理，他们就会舍弃很多重要的内容，把一些无关痛痒的东西保留下来。这样愚蠢的事情甚至还会重复上演。

即使拥有了价值准则，它也是用橡胶做成的，会随着时间的推移发生变化。这样一来就变成了一种泯灭价值的整理，所以孩子们做不了整理工作。当然不仅仅是孩子，交给他人去整理也是不可取的。

要做到舍弃，就需要根据这个人的个性再次斟酌推敲。这比毫无个性地吸收知识更加困难。

很多人虽然读了很多书，也知道很多东西，但是仅止步于此。责任在于他们自己，因为他们没有真正花费精力去区分有意思的东西和只是一时感兴趣的东西。

我们需要不断对存储的知识进行检查，慎重地一点点扔掉临时性的东西，最后把那些好不容易得来的知识保留下来，只有这些知识才能真正成为自身的力量。

最能证明这一点的，就是对藏书的处理。即使不是舍弃它们，把书转让出去也是一件很难的事情，没有尝试过的人不会明白。仅仅收集书本，享受数量增加带来的快感也不是长久之计。

先下笔为强

想把自己头脑中的想法总结归纳一下，却总也达不到理想的效果，为此烦恼不堪，估计很多人都有这样的经历。或许你认真做了调查，发现手边的资料已经非常充裕，甚至太过充裕，以至于陷入了一种窘境，不知道该怎样归纳才好。

真正经历过的人才会明白，归纳总结其实是一件非常繁杂的工作。一些人在这件事情上遭遇过挫折以后，会渐渐对整理和归纳成文章等事情敬而远之。他们只会一个劲儿地读书，读得越多，获得的知识就越多，而与此同时，资料也会越来越多，归纳就变得更加困难。虽然有很多人成了勤勉刻苦的学习者，却很少有人能够留下集大成的作品。

很多即将写毕业论文的学生往往会说："不再提炼一下自己的想法，是写不出文章的。"于是他们一拖再拖，直到时间所剩不多，才开始着急。但是处于着急状态的头脑不可能提炼出好的观点。

这种时候我会跟他们说，先写下来看看。其实他们很有可能是因为对写作抱有恐惧心理，才给自己找了一个借口，把写作这件事情又推迟一天。结果，随着截稿日不断临近，他们的焦躁也会不断加深。

他们一会儿想想这个，一会儿又想想那个，总也建立不起自己的中心思想。头脑处于一片混沌之中，等到把手边的资料好好检查一番，才意识到资料已经多到数不胜数。此时他们头脑中的混乱会再一次加剧。"再怎么说，在这种状态下是不可能写出论文的，再稍微构思一下吧。"这是很多人在写论文的时候都会有的心理活动，但是这不是一件好事情。

怀着轻松愉悦的心情去写作就可以了，不要给自己增添负担，非要写成一部鸿篇巨作。如果用力过猛，不仅不会成就一篇优秀的文章，甚至会成为一篇浮于表面、没有精华的冗长之作。没有人不想写出一篇好论文，但是并不是想想就能写出来的。把这种情绪抛掉，会进展得更加顺利。不仅仅是论文，报告书、小论文也是同样的道理。

当我们还是孩子的时候，往往能写出很漂亮的字，但是成人以后，很多人的字却写得东倒西歪。为什么会这样？真是让人不可思议。这是因为在还是孩子的时候，往往是无心插柳柳成荫，没有想着要好好地去写字，反而能写出挺拔娟秀的字体。稍稍被表扬以后，自己的自信心就增强了，于是会惦着下次要写得更漂亮，因为希望被人表扬的愿望很强烈。但是这样一来，反而很难再有所长进。其实写文章也是同样的，一旦有了欲望，就会有反作用出现。

即使觉得自己还无法写出像样的文章，也要告诉自己可以动笔写了。总之先开始写再说，至少写作这件事情是可以成立的。有趣的是，在写作的过程中，头脑中会开始搭建框架，出现一个立体的世界，从这里那里不断冒出很多新奇的想法。也是从这个时候开始，我们会感到必须把这些想法整理归纳一下了。

我们刚开始写出来的东西是线形的，在同一时间里，我们一次只能引出一条线。即使考虑到 A 和 B 是同时存在的，也无法做到同时表达它们，肯定会有一个优先，一个延后。

反过来说，写作就是在线形语言之上搭建立体的想法。在我们真正适应之前，或许多少会存在一些抵触心理，这是没有办法的事情。不要太过介意，先写出来看看。就好像是从纠缠在一起的线团里找到一根线索，然后一点点把它解开。这样一来，我们所考虑的事情就会变得越来越明晰。

还有，只有动笔写写看，才会知道自己的头脑到底有多混乱。只要写下来看一看，就可以一点点地摸索出自己的思想框架。

我们的头脑中有很多事情都在等待我们去表达。当这些事情一下子涌入脑海的时候，会不知道该从哪一个写起，这时可以一个个按照顺序去写。至于用怎样的顺序编排，虽然这个问题也很重要，但是如果刚开始的时候太过在意这一点，就无法继续展开，总之先写下来看看。

越写下去，就会发现自己的头脑变得更加清晰，也能慢慢看到终点了。最有意思的是，之前完全没有考虑过的事情，在写作过程中也突然涌入脑海。对自己来说，这样的事情发生很多次以后，就可以预测这是一篇很不错的论文。

一旦开始写作，就不要中途停留，要一个劲儿地往下写。如果过于拘泥一些细小的表现，会让自己写不下去，也会因此失去前进的势头。

快速行进中的自行车，即使碰到一些小小的障碍也会继续前行。但如果是一辆慢慢悠悠前进的自行车，那么即使是一块小石头，也会让它倒下。速度越快，陀螺仪的指向性就越明确。

就算是论文，也不要反复修改。因为一旦这样，就不知道自己具体要写什么了。一旦写了就要写得一泻千里，洋洋洒洒。总之，先写到结束为止，然后再回过头来回顾全文。这样一来，就有充分的时间进行订正和修改。

所谓推敲，不是部分内容的修改，而是整体结构的调整。也就是说，把中间的部分转移到开头，或者把最后的部分调整到最开始。我们很有可能对文章做这样的大手术，不过要先写到底，这样一来才能拥有一份安心感，游刃有余地给这篇文章添砖加瓦，修修补补。

等到第一稿变得满目疮痍，就可以开始写第二稿了。

但是第二稿不止是对第一稿的摘抄誊写，如果是这样的话就太单调了。在这一阶段，要尽可能多地编织进新的想法。第二稿写成后再做一番推敲，如果有了非常明显的改善，就可以写第三稿了。直到无法再做更多的修改润色，才可以定稿。千万不要不舍得花工夫，因为越写就越能使思考获得整理。在经历了无数次重写和修改以后，就可以通过自己的亲身体会来获得升华思考的方法了。

除了写下来看看，还可以选择一位善于倾听的人，把自己考虑的事情说给他听。这对头脑的整理很有帮助。虽然有些事情不能说出来，但是为了做更好的整理，可以先试着表达出来。

在推敲原稿的时候，试着发出声音读一读，就会立刻发现，那些思考比较混乱的地方，读起来也会磕磕巴巴。所以，读出声音对思考的整理大有裨益。

《平家物语》这本书刚开始的时候就是口述出来的，随着一遍遍不断重复地讲述，它的内容表达得到了多次升华。虽然里面的情节错综复杂，却依然能使我们非常清晰地理解。作者也给我们这些读者留下了头脑清晰的印象，但是这并不是一位作者的功劳，而是长期以来坚持讲述这部作品的琵琶法师的集体功绩。

对于思考，要尽可能多地给它提供一些管道，这样才能使整理进展得更加顺利。如果无法顺利地总结归纳我们头脑中那些思来想去的事情，可以尝试写下来，这样思路就会变得清晰。修改几遍以后，内容会更加精炼。跟别人说一说，也是一个好方法。把文字性的东西读出来就更好了，《平家物语》能给我们留下"聪慧灵活"的印象也不是出于偶然。

主题的整理

论文和研究题目很多都非常细致。例如，"对海明威的文体特征，特别是初期作品中的形容词用法的考察"这一说法。

这个题目也可以简化成"海明威的文体"，让读者看过里面的内容以后再做判断。这个题目比之前那个写得非常具体、字数多的题目更能传递出作者想写什么，更加方便，而且不会把信息暴露太多，以至于激不起读者的兴趣。仅用"海明威的文体"这一个题目会显得更有内涵和趣味。

如果题目写得太过细致，反而会让人觉得有些啰唆。实际上，粗略的题目更受人欢迎。

当我问那些即将写论文的学生，他们准备写什么样的事情，打算取什么题目的时候，他们往往会滔滔不绝，即使给他们五分钟甚至十分钟也不可能打住。我作为一个听众，也往往越听就越不明白他们到底想写什么。

这一方面暴露了他们的构思还没有建立起来，想法也没有固定下来。另一方面是他们有一个误解，觉得在这个阶段要尽量想得细致一些。说明越冗长，就越表明他们的思考没有得到有效的整理。如果考虑清楚了，那么他们自己就可以锁定事件的中心。例如"对海明威的文体特征，特别是初期作品中的形容词用法的考察"这个标题，就可以写成"海明威的形容词"，这样一来便能更好地传递写作者的意图。

大多数情况下，修饰语使用得多，表现力就会被削弱。假设有"花"这个词，"红色的花"反而会降低其中的含蓄意味。如果写成"像在燃烧的红色花朵"，就再一次给花朵做了限定。虽然修饰语越多，可以让自己的表达越严密，但是一不小心，就会破坏对内容的传达，或许还会让人心生厌恶。

一般来说，那些长期以来为人津津乐道的民间童话故事，基本上没有形容词。花就是花，基本上没有"像在燃烧的红色花朵"这样的表达，这些作品是以名词为中心的。

表达经历了多次提纯以后就成了名词。首先，副词要被削掉。研究论文的题目以及其他一些题目中，副词（如极其、迅速地等）的使用往往非常少见。副词之后就是形容词。如果形容词也不是必需的，那么省略它会让自己的思考变得更加干净利落。一点点剔除以后，最后就只留下了名词。

思考的整理也是通过形成一个以名词为主的标题实现的。它的出现过程可以用下页的图表示。

整体就是这样整理出来的，从右边的 A 到 F 经历了阶段性的抽象化过程。右边的 A 是一个个句子。集合到了一定数量以后就成为一段，也就是 B。B 集合到一定程度以后就形成了小节，也就是 C。这些内容再一次归纳总结以后就成为了章，也就是 D。进一步划分就是第一部分、第二部分这样的表述方法，即 E。最后把整体内容归纳起来的标题就是 F。

反过来说，F 这个主题分为第一部分和第二部分，每一部分都有几章。章下面又细分为几个不同的小节，这些小节又被细分成不同的段落，这些段落又由一个个句子组成。

数字标记使这一结构在形式上得以清晰展现，例如第

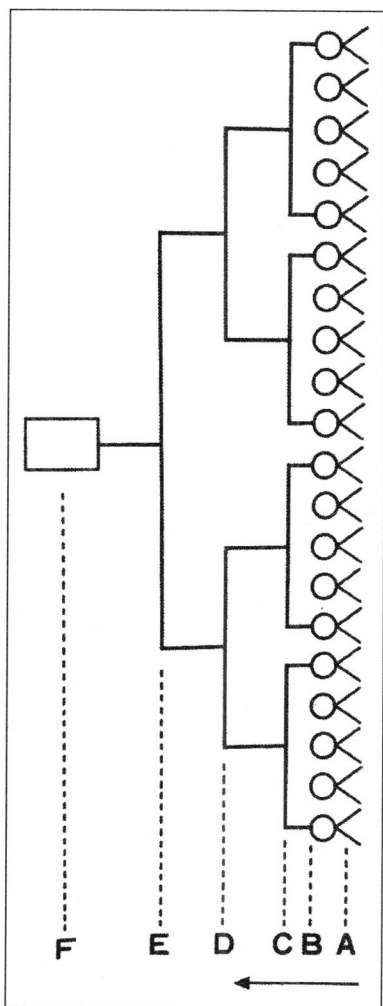

图 4

一部第一章第一节就是 1.1.1。同样地，第二节就是 1.1.2，第二部第二章第三节就是 2.2.3。

这一套方法在美国的学术书籍中得到了广泛的运用，也是美国人熟悉的一种方法，但是在日本还未得到普及。爬上抽象的梯子到达主题或者题目，像这样明确的方法论并不多。事实上，能不能通过这样的结构写文章还另当别论，但至少我们在归纳总结自己的想法的时候，可以以此为参考。

如果使用了"对海明威的文体特征，特别是初期作品中的形容词用法的考察"这个标题，在理解标题意思上并不存在困难。但是，如果用"海明威的形容词"这个题目，读者往往不知道形容词发生了什么。仅凭这个题目去想象里面的内容，很有可能脱离论文的中心思想。

这于是就勾起了读者的兴趣，必须读一读这篇论文。如果是刚刚那个很长的标题，即使不看内容也大概知道作者想写什么，阅读的兴趣也就减弱了。

抛开学术性研究的文体，在一般读物的题目上，能成为推敲内容的线索就更少了。仅看一本新书的题目就贸然判断它是怎样一本书，很多时候是不可靠的。

有一位名为三上章的优秀语法学者。他的著作中有一部叫作《大象的鼻子长》。光看这个题目，书店的员工以为这是一本童话书，便把它放到了儿童读物的书架上。不知道的客人或许会以为这是一本童话书，并把它买下。事实上，这本书是论述双重主语的日语语法书。

　　有一本历史悠久的英国文学杂志《英语青年》。中学生们被这本杂志的名字所吸引，买来读了以后却发现怎么读也读不懂，据说还有人写信给编辑部表示抗议。

　　总之，题目和书名往往都深不可测，尤其是外文书籍的题目，一看就断定它是什么样的书，这样的做法过于粗暴。刚开始的时候，不明白题目的真正意思并没有关系，等到把整体内容通读一遍以后，即使不做说明也能够理解它的意思。

　　事实上，很多书的标题都是在内容全部完成以后才加上去的。有些作者寄到报社或者杂志社的原稿也故意不写题目，而是请编辑部帮忙起题目。因为仅靠一个题目，就可以让文章焕然新生或者死气沉沉。题目是如此重要，它能明白地揭示主题，或者说，让主题具有象征意义。

　　在美国出版的论文写作指导书里面有这样一句警示语：

"主题必须用一句话来概括。"因为当时觉得很有意思,就一直记着这句话。就像之前所说,要是请你去讲述一个主题,需要用十分钟或者十五分钟去讲述,就说明你不具备用一句话总结归纳的能力。如果要用一句话来说,就要使用里面的名词,把它作为标题。思考的整理的终极意义就在这个标题里面。

赞扬使人进步

思考事物与工作不同。思考往往会有难以进行下去的时候，如果是工作的话，就可以一件一件解决了再推进。思考事物的话，无论到什么时候，总有很多东西一直得不到解决，然后会围绕着同一个问题不断地原地转圈。这时候，或许自己都感觉已经无法再进行下去了。

这个时候钻牛角尖并不是好事。如果有些运行不畅了，就暂时让自己放空一下。

不断告诉自己一定可以的，无论哪一个都可以顺利进展下去。要通过这种方式来进行自我暗示，即使做错了，也不是自己不行。不，连不行这件事情都不要想。

如果对这种事情过于消极，那些明明会做的事情也会变得不会做。总之，要不断地跟自己说可以的、可以的。

或许有些人会笑着说，这种骗小孩子的把戏难道会有用？但是，一旦把"不行"说出口，就真的会丧失斗志。自我暗示之所以能有效地发挥作用，也是因为如此。

思考本来就是非常脆弱的东西。之前我也说过，即使浮现出一个好的想法，如果没有在当下立刻捕捉到，那么之后无论再怎么回忆，也不可能再出现了。

有一个诗人说过，他曾经在半陶醉的状态下作了一首诗，这时候突然有人来拜访他，于是他的思绪就中断了。此后，曾经展现在他眼前的那幅美景再也没有出现过，即使想重温那一幕，也已经不可能了。

当我们在思考事情，朝着一个非常有趣的方向前进的时候，电话铃声突然响了。一瞬间，我们的思路就像棉线一般被切断了，再也没有可以让我们继续下去的线索了。这样的经历很多人应该都有过。去接电话，在电话中跟人不断聊天，等再一次回到桌前，好像已经完全变了一个人。刚刚考虑过什么事情？完全像失忆了一般。在写稿件的时候去接电话，结束以后想继续写下去，却完全不知道该从什么地方入手，陷入一片混乱之中，也是很多人经历过的事情。

思绪就是如此容易销声匿迹。好不容易想到比较好的点子，结果却被其他人轻易否定，这样往往会受到伤害。很可能最近一段时间思绪都不会再显露头角，说不定会被永远埋葬。

在经历了无数次这样的体验以后，我开始明白，评价别人的考虑和想法时，要慎用不恰当的词语。

对自己的想法有自信，只跟自己说好话是不够的，对他人的想法也要表现出肯定的姿态。无论是什么事情，如果能用这种方式看待，肯定可以发现好的地方，并进行赞扬。

即使是不太明白的事情，也不要说出"完全不懂"这种泼凉水的话。

对于同一件事情，用"虽然看起来有点复杂，但是好像很有意思"来应答，对于听者来说会有完全不同的感受。那些优秀的教育者以及领导，无论怎样都会看到好的地方，把对方引导到好的道路上。被批评的人，即使多多少少被人轻视了，也会紧紧抓住那些赞美之词，作为对自己的激励与鼓舞。

如果全盘否定的话，被否定的一方就没有再次出发的勇气了。连自己说出"已经不行了"这样的话，都是一个巨大的打击，更何况从别人嘴里说出来呢？无论是谁，都受不了这样的打击。

当我们各自回顾过去就会发现，能让自己坚持走到现在的，是给予我们赞美的人。一位俳句老诗人这样说道："正是因为受到了他人的赞美，才让我努力进步到现在。"我也是依靠着那些赞美我的评价成长的。对于那些轻视我的话语，我并没有从中获得任何激励。

我们要选择那些能够给予自己鼓励的人做朋友，这往往不是一件容易的事情。比起赞美，人类更容易批评他人。或者说，那些头脑越聪明的人，越容易发现他人的缺点，不擅长挖掘一个人的长处。

当我们受到赞扬，就会保持很好的状态，意气风发，使头脑中冒出意料之外的想法。

有一种现象叫作皮格马利翁效应。把一个有四十人的班级分成 A、B 两组，每组各二十人。学习成绩方面，A、B 两组是不相上下的。首先进行第一次考试。A 组的学生，在考试结束以后老师会发给他们批有分数的试卷。B 组的学生，老师不给他们看答案，而是会一个个把学生叫出去，告诉学生他的考试成绩很好——当然这些都是胡说八道的。

　　过一段时间再举行第二次考试，跟之前一样，会发给 A 组的同学批有分数的试卷。而 B 组的学生，老师还是会一个个把他们叫出去，告诉他们这次的成绩很好。虽然学生们感觉有些疑惑，但是既然被表扬了就不是什么坏事，因此他们也没有过多询问。

　　在重复了很多遍以后，给所有同学的成绩都批了分数，然后把 A、B 两组的平均成绩计算出来。结果发现，一直受到表扬的 B 组同学的平均成绩比 A 组同学要高。这就是皮格马利翁效应。

　　即使完全没有根据地表扬一个人，往往也会由假变真。所以说，多少有些根据地表扬一个人的话，皮格马利翁效应会更加显著。如果在我们周边有这样善于赞扬的人，那么那些一直小心翼翼、战战兢兢地思考的人，也会鼓起勇气表达自己的想法。因为在这个氛围中不会有人把他人视作傻瓜。如果没有良好的环境，就无法孕育出优秀的想法。

　　当思考进展得不太顺利的时候，一直闷闷不乐是最不好的表现。长期这样下去，就会渐渐失去自信。对于那些写论文或者是高难度稿件的人来说，有些人会一直把自己关在书房里拼命学习，而有些人即使没什么重要的事也会出来见见人，活动活动。

乍一看，似乎那些把自己锁在房间里的人更能写出好的论文。事实上，那些时常与人接触的人，往往能写出更好的作品。跟朋友说说话，结果大家都喊着"不容易啊，不容易"。虽然有一半人只是当作口头禅在说，但是光听到这个就会明白，不是只有自己在受苦，大家都在经历煎熬。这样一来就会让自己转变心情，变得更加乐观。就好像是间接受到了表扬，等到回家以后，就会重新燃起创作的欲望。所以，要避免自己一个人闷闷不乐。跟人聊天时，应该去接触那些能够赞美自己的人。虽然批评有其深刻性，但是面对那些不能用乐观的心态看待事物的人，我们最好敬而远之。

"明摆着就是恭维奉承，听这样的话做什么？""你需要做的是直面真实。"有些人会说这样振奋人心的话，但这是超人一般的勇者才敢说的话。对于普通人来说，即使明摆着是恭维之词，也可以给我们增添力量。即使知道是奉承，仍可以让自己保持愉悦的心情，这就是人之常情。

我们好像总会为赞扬别人感到难为情。为那些一听就是恭维的话感到羞耻。但是本来与人寒暄这种事情就已经脱离了字面意思，对于那些睡懒觉的人，我们同样会跟他们说早上好。赞美就是最高境界的寒暄。得到赞美的人，他的思考会变得更加活跃。

第五章

如何使思考更具智慧

用声音整理思考

当我们试着发出声音的时候，头脑或许会呈现不同的运作方式。希腊的哲学家们在散步和对话的时候，思想能够到达另一个高度也并非偶然。很多时候，因为太过深思熟虑，会导致陷入死胡同走不出来。

通过声音来思考，即使是现代人也绝没有抛弃这个做法。

将写好的稿子拿出来读一读，就能再做一下加工。稿子是在沉默中写下的，回过头来读一遍时，要读出声音。让人意外的是，很多人都秉持着"至少读的时候要发出声音"这一方针。如果遇到读不流利的地方，就说明这里肯定隐藏一些问题，需要自己做一番思考。如果默读，往往会遗漏这些问题。

通过读出声音，可以把默读时没有发现的文章缺陷找出来。声音不仅是有思想的，也是有灵性的。

我在之前写道，《平家物语》是非常有智慧的一本书。这主要也是因为通过声音阅读，它得到了提炼和升华。

即使是读出来，《平家物语》这部作品也是行云流水，非常流畅优美。这或许也是因为经历了琵琶法师的无数次推敲，才会有这般高纯度的提炼。这也再一次让我意识到用声音来思考的重要性。

当然有通过声音让思考得到提炼的案例，但也不是任何事情都可以通过嘴巴来说。

例如，头脑中蹦出了一个很有意思的想法，于是心情变得非常激动，遇到朋友就想把这件事情告诉他，当然多半是出于得意的心情。如果你倾诉的对象是一个大人物，或者是在这方面有丰富经验的人，那另当别论，其实多数时候，这些听众的反应都是不以为意。即使他们没有明说，也会做出那副表情。

即使想法或者主题经历了充足的睡眠，又有了非常高度的提炼，已经发酵为酒精，当遇到这样冷漠的回应，还是会遭受很大的打击。明明还有一点热度的想法，一下子就冷却了。就好像新叶还没有长成，就已经被捏碎了一样。估计之后也很难再次发芽了。所以，最好不要摆出一副很得意的样子，去跟他人诉说自己那些崭新的想法。

即使是意气相投的朋友也是如此。如果是前辈或者老师的话，你遭遇的打击会更加严重。有很多学生经常会跑过来与我商量论文的主题。很多学生完全没有自己的想法，也不知道怎么办才好，只想请老师先帮帮忙。一方面，这样的情况下我也不知道该与他聊什么，但是对于学生来说也没有什么损失，所以我就跟学生聊得不亦乐乎了。

如果有学生跑过来跟我说，我想到了一个好点子，想来听听老师的意见，这就非常危险了。老师对于学生来说并不是朋友，而是一个权威的象征。如果要得到学生的尊敬，可能需要拿出否定学生的勇气，而如果泼了学生一盆冷水，结果会怎样呢？或许就覆水难收了。所以，有了好的想法不要急着说出来，先一个人把它慢慢捂热，让它沉睡一段时间，然后等待它提炼升华，这才是聪明的做法。我也不知道有多少人是因为不懂怎么做，而遭遇了很多不好的事情。

作为老师也是如此。如果这个时候随便说一些话，但意识不到这些话拥有怎样的破坏力，那么他就没有为人师表的样子。

这些冷漠的批评就像是捏碎了好不容易生出来的嫩芽一般危险。不能将想法随便拿来说的理由还有一个，那就是珍贵的想法要用来好好珍藏。

一旦说出口，头脑中的压力就会减轻。好比郁闷得到了发泄，让人非常快活。这样一来，就失去了继续思考的欲望。或者说，把这些想法写成文章的意愿也变得越来越弱了。说话这件事情本身就是非常好的表现方式了，于是会满足于此，止步不前。反而是沉默不语，会增强内心的表达意愿。

有很多杂志编辑都立志成为一名作家。但是编辑这份工作，从某种程度上来说已经满足了他们的创作欲。结果是，他们对创作这件事情的兴趣越来越淡了。对于心怀作家梦想的人来说，编辑是一份非常危险的工作。

英国诗人罗伯特·格雷夫斯曾经对诗人们说过这样一段警示的话语。光靠写诗是无法维持生计的。虽然诗人也要谋生，但是最好不要考虑那些跟文学有着深厚关系的工作。如果去出版社工作，做送报员比编辑要好。这也是因为他看破了创作的能量轻易就可以被替代行动转移。

我们说有些人能说也能干，其中那些能说会道的人往往只贪图口舌之快，真要落实到行动上的时候，他们就消失了。说出自己想法的人也会落入这个陷阱，所以不要粗枝大叶地急于表达自己的想法。

这不是说要把自己关在房间里闭门不出。因为在与他人谈天说地的时候，我们也常常会收获一些很有意思的想法。

之前我已经论述过，不能直接说出自己得到的想法。需要好好珍藏，在别的场合说出来。

如果以批判的眼光看待琐碎的事情，想法就会萎缩，说出来的话也会不接地气。

远离俗世的知性对话，首先要做的就是不涉及身边之人的名字和一些固有名词。一旦出现双方都熟悉的人名，对话就只会成为闲话。从闲话开始的对话毫无营养，有害无益。

接下来，不要使用动词的过去式。"过去是……""曾经做过……"之类的句子也会跟闲话沾边。使用"难道不是……吗""很多人觉得这是……"这样的句子，就容易生出具有创造性的东西。

跟自己同行业或者从事同一方面工作的人对话时，话题往往会变成很专业的内容，而且范围也会越变越窄。虽然能够很方便地获取一些知识，但是相互抱有警戒心的两个人之间很难产生非常有趣的对话。

双方意气相投，交集也比较少的话，聚到一起后说一些跟现实无关的事情，在催化剂的作用下更容易生出一些新的发现，甚至会有意外收获。最重要的是，可以通过对话产生一些生动的、跳跃的想法，这是最开心的事情。能让我们兴奋到忘记时间流逝的，往往是这样的同伴之间产生的对话。

最糟糕的情况是，话题从一开始就脱离正轨，脱轨又会诱发脱轨，以至于最后发展到自己完全没有预料到的境地。

一高兴就天南海北地侃大山，连自己都惊讶怎么会说出这么有新意的事情。果然通过声音也是可以思考的，我们不能只通过头脑来思考，必须要边说边思考，赋予声音思考的能力。

谈笑之间

前几日为了召开我们的三人会，预订了东京的一个酒店。双人间里又添了一张床铺，准备三人彻夜长谈。

然而，临行前那位最热衷于促成这次聚会的金泽的朋友来电说来不了了。据说是学校里有一个特别重要的委员会需要参加，不幸的是他还是这个委员会的委员长。在他出差的时候就定好了会议的日程，到了这个时候也不好再更改了，金泽友人在电话那一端的声音听起来就快哭出来了。"这也没办法，那就我们两个人开会吧。"我跟广岛的朋友说。可能是因为少了一个人的缘故，还是稍稍有些寂寞。放暑假了还召开临时会议的学校真是可恶啊！

并不是我炫耀，我们这个三人会已经有三十年的历史了。现在在金泽的朋友专攻日本文学，广岛友人专攻中国文学，我的方向则是英美文学。1948 年，我们都是当时的东京高等师范学校附属中学的教师。当时我们三个人都处于瓶颈期，学习也达不到自己的预期，找不到研究方向，一度非常焦虑。

那时候我就想着该做点什么来开拓一个新的领域。做外国文学的研究，除了一直追在本国研究者的屁股后面去写作家论、作品论之类的东西，难道就没有其他出路了吗？外国人有特别的阅读方法，他们都是敢于突破极限的读者。文学作品需要让这样的读者都能够理解，至少那些伟大的作品不会摆出一副冷冰冰的面孔面对读者。所以在外国文学的研究中，一直以来我们未曾涉猎的领域，即读者论，才是需要我们关注和研究的方向。

因为当时血气方刚，初生牛犊不怕虎，我便构想出了一个自成一派的读者论。当时我内心也多少有些得意，于是借着一个机会，我跟自己最尊敬的两位前辈一起吃饭，然后向他们介绍这个构思。虽说是前辈，其实我们之间的年龄没有相差很多，他们也都是年轻的学者。我本以为他们会赞同并且支持我的这个想法，还试着阐述了读者研究的必要性。

结果他们两位异口同声地跟我说这个行不通，于是我变得垂头丧气，连聊天的兴趣都没了。我在前面说过，刚出炉的研究构思不要随随便便与人诉说，有过一次这样的体验就足够了。

等到我又想研究读者论的时候，那次聚餐已经过去五六年了。它们沉匿了那么久却依然能让我想起，说明过去的五六年绝对没有浪费。

和两位前辈一起做一个杂谈小会的想法，也是在被他们打击以后萎蔫了的那段时间里蹦出来的。那时候我们没有会场，只是轮流去三个人家里。会费是一百日元，用它来买寿司，家里会提供茶水，其余就没有了。下午一点左右三个人碰头，晚饭就吃寿司，然后再继续聊天，到了晚上十点左右，三个人才依依不舍地告别。这样的聚会一年里有四五次，也不知道从什么时候开始，就把这个聚会叫成了"三人会"。

我也曾战战兢兢地向他们提出读者论的想法，结果日本文学君和中国文学君都对此表示出很大的兴趣。他们的疑问也给我带来了很多新的启发。三人会结束以后，我的心情总是非常高昂，以三人会上的杂谈为背景，写出了几篇稿子，其他两位似乎也是这样。

我首先辞去了附属中学的工作，接下来是日本文学君，最后中国文学君也辞职了，我们三个人又去了东京教育大学文学部。对我们三个人来说，这不到十年的时间是人生中最幸福的一段时光。偶尔我们也会在教授会结束以后，一边喝茶一边开三人会。

东京教育大学因为要搬迁到筑波的问题，陷入风雨飘摇的境况，那时候正值大学斗争非常严重的混乱时期。当搬迁问题变得越来越复杂的时候，我便尽快转到了现在的学校。

另外两位友人为了遵循内心的信念吃了不少苦。终于，日本文学君搬去了金泽，稍晚一点，中国文学君搬去了广岛。这之后也快过去十年了，三个人各分三地，三人会也不能随心所欲地举行了，当然一百日元会费的时代也一去不复返了。

但是我们并没有就此放弃，之后就开始一起在豪华酒店里住一晚，三个人彻夜长谈。只要有一人说起"能不能再办个三人会，我有件事想说给你们听"，大家就会相互安排时间。地点的话，有时候是金泽，有时候是东京，主要还是东京。

前几天，跟广岛友人分别的时候我笑着说，下次要搞得再热闹些。虽然只有两个人，但还是很开心，三个人的话就完美了。

我也是通过这样的体验意识到了一个问题，那就是相同专业之间的人聊天往往会带有批判性质，缺乏趣味。我有一个信念是，每个从事不同工作的人，聚到一起后相互天南海北地聊天才是有营养的。我自行把这种形式命名为"扶轮方式"。

据说扶轮社（Rotary club）的每一个支部里，都是一人一业，也就是每个人的专业不会重复，这也是促进友好亲善的前提条件。我们这个三人会正好符合这种扶轮方式。

但是也有专攻同一门学科的学者能坚持数十年进行创造性杂谈的。所以扶轮方式不是绝对的。日本还有一个团体叫作 Logergist。近藤正夫、近角聪信、今井功、木下是雄、大川章哉、矶部孝、高桥秀俊（虽然会有一些成员进进出出，但基本上没有变化）是这个团体的成员，他们都是日本杰出的物理学家。他们每个月召开一次例会，话题贯穿人类、自然等多姿多彩的领域。将会议记录总结归纳

以后，就刊登在中央公论杂志社的杂志《自然》上。这些
记录一篇篇积攒下来，就成了《物理的散步路》和《新物
理的散步路》，现在已经编写到第八册了。

曾经我也在自己的《知性创造的提示》一书中提到过
Logergist，这篇文章也被引用在《新物理的散步路第四集》
的前言中，现在我再引用一下这段文字。

  但是，也不是没有相同领域的学者聚集到一起创
造出瞩目的研究成果的案例，Logergist 就是这样一个
团体。曾经有人奇怪这到底是哪个国家的人，但其实
内行人都知道，这是由日本物理学家组成的一个团体。
每月召开一次例会，这跟月光社（Lunar Society）很
相似，把成员的家当作集会场地这一点也是一样的。
（中略）曾经我也有幸感受过这个团体的氛围，不得不
让我联想到了月光社的事情。这篇随笔是一段对话，
是多元化、多角度的，会给读者们带来一些意想不到
的刺激。（中略）Logergist 是相同专业的学者们聚集的
地方，而且有非常精彩的研究产生，想必这个团体里
的成员都是心胸非常宽广的人，把他们团结起来的必

定是强大而温暖的友情。

关于月光社我已做了批注。

月光社是十七世纪七十年代，于每月满月之夜，在伯明翰举办的聚会的名称。氧气发现者普里斯特利、蒸汽机发明者瓦特、引擎制造商博尔顿、瓦斯灯发明者默多克、印刷业者巴斯克维尔、天文学家赫舍尔等都是这个学社的座上宾。这个团体的核心人物是伊拉斯谟·达尔文，也就是提出进化论的查尔斯·达尔文先生的祖父。

拆掉知识的围墙

　　月光社的每个人都有自己的专业，但是不会局限于自己的专业。牧师也可以讨论英语语法的不足之处，然后写一本语法书出版。这样的事情在月光社里并不稀奇。

　　有一个英文单词叫作 inbreeding，意思是同系交配、近亲繁殖、近亲结婚。小鸡如果一直跟同一只鸡妈妈生下来的小鸡交配，长此以往，体质就会变差，下不了鸡蛋，身体也变得弱小。

　　人类也是一样，近亲结婚会引发一些不好的遗传问题，所以无论是世界上哪个国家，都禁止近亲结婚。Inbreeding 就是如此危险。

　　我想，桃太郎这个故事就蕴含了禁止近亲繁殖的问题。老奶奶从河里面捡到了一个桃子，象征着从别的地方迎来了一位新娘。用桃子来指代女性，一般更容易获得大众的认可。从河里漂来的这个桃子，就是与老奶奶非亲非故的"流浪女子"，如果直接写成"流浪女子"，不太容易被人接受，所以就把她包装成一个从河上漂来的桃子。

从这个桃子里生出来一个健康的桃太郎，就是对优生学的具体证明。反过来说，这也是当时的人们非常了解近亲结婚有害的一个证据。（最遗憾的事情莫过于桃太郎的父亲。全文都没有出现这个人的身影。虽然有老爷爷，但是他每天忙着去山里砍柴，在选择儿媳妇这件事上没有什么话语权。）

如果说生物学上的近亲结婚是不好的，那么知识领域里的近亲结婚也是不利的。

企业如果被同一氏族的人霸占，就会变得越来越弱。所以，过去的商人们世世代代都会选一名养子，把引入新血液作为家训的人也不在少数。这是因为相似的事物无法相互影响。如果把圈子固化在同一氏族中，那么这个氏族很快就会面临失去活力的问题，最终走向没落。

对于生出新的想法，近亲繁殖也不被看好。然而，近代的专业分类、知识划分却将相同的人都聚集到了一起。

大学这一组织，就是把相同领域的专家集合起来组成一个个单位，然后让学生们归属于各个单位，再分成学院和科系。不得不说，这种环境非常不利于活跃的知识创造。越是那些历史悠久的大学，越难以让人感受到创造的活力，就是因为它们深深受到近亲繁殖的毒害。

与此相对的是那些新建立的大学和研究机构。即使是同一个专业的人，因为他们之前的经历都有所不同，所以身上具有很多不一样的东西，可以很大程度上避免近亲繁殖的弊端。

英国的月光社之所以会有令人瞩目的成绩，就是因为他们每个人都具有各自擅长的领域，这为月光社的发展提供了很大的助力。而且月光社里也不存在近亲繁殖的风险，为创造出像桃太郎那般强大的、具有突破性的知识提供了肥沃的土壤。

头脑风暴这一团体思考方法是从美国传来的，也一度引起很多企业的关注。

这是指几个人组成一个小组，然后抛出问题，每个人对这个问题给出解决方法，然后再相互讨论。例如，联络 A 建筑物和 B 建筑物的方法有哪些？可以找联络人传递信息，通过一条联络通道来连接屋顶和屋顶，也可以用电缆来连接，等等。大家可以畅所欲言，各抒己见。

负责记录的人要努力把这些内容都记录下来。这中间会出现很多天马行空的想法，甚至会有很多看起来不切实际的方案。但是头脑风暴的原则就是，无论多么奇特的方法都不能泼冷水，比如不能说这个方案太无聊了，太荒诞了，或者是太不切实际了。因为批判的话语常常会浇灭我们头脑中闪现出来的灵感。

我在"用声音整理思考"这一节提到过，在跟人商量的时候，很有可能一不小心把好不容易得来的有趣主题弄没了。因为从我们头脑中生出来的想法非常胆小怯弱，它们会因为一点点小事而害怕、退缩、逃跑。如果不能以非常巧妙的手法把它们引诱出来，就很难从它们身上获得硕果。

头脑风暴就是通过这种方法引出了各种各样的想法。刚开始的时候，想出来的点子虽然有很多，但都是一些常识性的也比较乏味的东西。等到大家都觉得绞尽脑汁了，再一次把我们的关注范围缩小、再缩小，这个时候想出来的点子才是真正新奇的东西，有些还是之前连做梦都没有想到过的。

　　稍微考虑了一下，进展不顺利就放弃了，这样是无法得出好想法的。当我们觉得已经不行了，多半要放弃的时候，不要自暴自弃，继续思考下去，才会得出精彩的想法。这是一件需要耐力的事情，不能着急。

　　月光社的运行方式，用美国人的话来说就是头脑风暴的优秀典范。Logergist 也是这样的优秀典范之一。

　　日本人交友是非常感性的。我们虽然可以在摆满美味佳肴的餐桌前有所发挥，但是一到知识的盛宴上，便很难有所建树。在这一点上，Logergist 就非常耀眼。

　　它点燃了人与人之间的头脑风暴，让相同领域的专家避免了近亲繁殖，扩大了学问与学问之间的交流。

　　专业一旦建立，就好比军舰，隔绝了与外部的交流，然后不断地提高自身。于是，每一个人的注意力都转向了中枢部位。这就好似火车上的乘客都不愿意走到车头和车尾的地方，即使非常拥挤，他们也要集中到中间的车厢里。专业领域内的近亲繁殖，就是在我们没有觉察的情况下发生的。自然，创造力也下滑了。

　　虽然有人很早就意识到了人类的这一倾向，但是从中间向两头车厢移动的人还是很少，那种向别的火车跑去的行为，则被视作自杀式行为。

对这一常识发起挑战的，是给学问研究吹来新风的跨学科研究。无论是哪个领域，执着于中枢部门的专业研究者们都无法接近周边地带。无论是哪一门学问，边界地带都是未开发之地。

为了开发这些处女地，需要拆掉长期以来横亘在各个领域之间的围墙。这时候生长出来的就是跨学科研究。语言学和心理学的边界领域是语言心理学、心理语言学。语言学和社会学之间则产生了语言社会学和社会语言学。

跨学科研究到现在并没有取得实质性的成功。原因之一或许是，我们还没有从传统的近亲繁殖的思考模式中解放出来。

跨学科研究立志要在知识领域通过嫁接结出累累硕果。我们必须明白，相同事物之间很难相互影响。

三上和三中

在什么样的地方才会产生好的想法？很早就开始举行国家考试，也就是科举考试的中国，对此进行了非常认真的思考。科举考试会考查考生写文章的能力，他们对文章的重视程度远远超过我们的想象。

最近在日本的大学入学考试中，也开始让学生们写小论文了。果然，在严格的考试中，写文章的能力对评判学生的能力有实质影响。

我在之前的章节中也提到过，欧阳修曾经提出非常有名的三上原则。这边再赘述一下，就是马上、枕上和厕上。看到这几个地方，很多人可能会惊讶。这些产生好想法的地方，用我们以往的常识来看稍稍有些意外，但越是这样越会让人觉得有意思。

所谓"马上"，用现在的话就是通勤的电车或者汽车。如果是坐车的话倒没什么，如果一边思考一边开车的话，就有些危险了。以前的人在骑马的时候，即使一边想着问题一边骑马，也不用担心发生交通事故吧。

之前我也引用过斯科特说过的一句话："不要闷闷不乐，到了明天早上七点，问题自然就解决了。"他认为只要睡一晚上，我们的想法自然就会瓜熟蒂落。这段时间就是所谓的"枕上"。事实上我们也没有刻意进行思考。

与其说枕上，倒不如说这是从睁开眼睛到下床的那一段时间。而且，比起晚上躺到床上进入睡眠状态的时间段，早上睁开眼睛到起床的那段时间，会更有助于思考。关于这一点，我之前已经写过了。霍尔茨和高斯都是在早上起床前想到了很多美妙的点子，也佐证了这一点。

之前我在有关遗忘的章节中说过，在我们睡眠的时候，大脑其实也在忘却和处理一些东西。而且我们也知道，睡眠分为两种，一种是快速眼动睡眠，还有一种是深度睡眠。快速眼动睡眠的时候，我们的身体虽然已经进入休息模式，但是头脑还在运转。深度睡眠的时候则恰恰相反，我们的头脑已经休息了，但是肌肉还在微微运动。也就是说，在睡眠的过程中，我们处于快速眼动睡眠的时候，会产生一种思考作用。即使我们睡着了，也依然在想事情。虽然这是一种无意识的思考，但也是非常好的思考方式。所谓"枕上"就是这样一段时间，不得不说，这也是我们基于古人非常犀利的观察得出的结论。无论古今中外，大家对于躺在床上思考这一点，都抱有极大的关注，真是有意思极了！

早上，有些人会在进入洗手间的时候带一份报纸，在里面认认真真地阅读。还有些人会在厕所里放上一本词典，用来在洗手间看书。最主要的是，一到厕所就可以集中注意力，不会受周围事物的妨碍，就好像沉浸在自己一个人的城池。

或许是这样一份安心感，让我们的头脑可以自由活动。于是，我们会在这样的状态下生出很多连自己都感到非常意外的想法。只是比起马上和枕上，对于"厕上"我们往往羞于说出口。

在思考事情的时候，如果因为没有其他可以做的事情而一直处于发呆状态，或者花很多力气去想一件事情，并不是一件好事。这也是通过三上原则得到的启发。

所以说，我们需要受到一定的束缚，使我们即使想做别的事情也做不了。同时，手边在做的事情不会扰乱我们的心绪，因为我们的内心正处于一种游乐的状态。这对于创造性的思考最合适不过了。

最近我也偶尔看到一些人在交通工具上写东西，但大部分人还是在无所事事地发呆。对于他们来说，这就是毫无输入的，也就是完全空白的时间段。其实在这段时间里，可以读读周刊杂志或是一些简单的读物。这样一想，就觉得他们白白浪费了一段时间，真是可惜。

当我们在车上的时候，想着之前一直在考虑的事情，很有可能会忽然生出一个很奇妙的想法。在枕上和厕上也是一样。

这里又让我想到了之前说过的一个谚语，那就是"心急吃不了热豆腐"。三上的状态，就是要我们暂时离开这滚烫的豆腐，这样可以促进思考的展开。

心理学家苏里奥曾经说过："想要做出发明，就必须思考其他事情。"三上原则也在启示我们，无论喜欢还是不喜欢，当我们在做其他事情的时候，恰巧为我们提供了思考其他事物的便利条件。

生理学家贝尔纳也曾经说过："对于自己的观念太过自

信的人，并不适合做一些突破性的发现。"（以上两个例子都来源于阿达马的《数学领域中的发明心理学》一书。）

提倡"三上"的欧阳修还留下了"三多"的名言，这也是为世人熟知的。所谓"三多"，就是多看（读很多书）、多做（写很多文章）、多思量（多下功夫、多推敲），这也是可以妙笔生花的三条秘诀。

如果把这些看作思考的整理方法的话，也别有一番情致。也就是说，首先要读书，收集信息，但是仅仅如此并不能转化为自己的力量。接下来就要写下来，写很多文章，再对自己所写的文章进行反思和批判。这样一来，我们的知识和思考就可以得到高度的提炼和升华。不仅可以写出好文章，还可以用于总结思考。

除三上、三多之外，三中的状态对于思考的形成也很有帮助。

刚刚提到了"推敲"这个词，关于这个词的由来还有一个小故事。唐朝诗人贾岛想出了"鸟宿池边树，僧敲月下门"这两句诗。其实他一开始写的是"僧推月下门"，后来又将"推"换成"敲"。可他难以确定是"敲"好还是"推"好，于是两手一边做着"推"的姿势，一边做着

"敲"的姿势，反复斟酌。就这样骑着马不知不觉闯进了大诗人韩退之的队伍。贾岛只好讲述了作诗的事情。韩退之听后对贾岛说："还是'敲'字好啊！"

贾岛在马鞍上的时候就陷入了如痴如醉的状态，虽然我们需要冷静地思考事物，但是偶尔也需要在忘我的状态下思考。

古往今来，很多人都是在散步途中想到了很好的点子。欧洲的思想家中也有很多散步学派。散步的好处是可以让身体保持一定的节奏，这就是可以影响思考的地方。这样说来，左马上也是有节奏的。

还有一个场景也有利于思考事物，那就是洗浴的时候。希腊的阿基米德在洗澡的时候发现了阿基米德定律，据说还兴奋地叫了出来。阿基米德定律和洗澡的联系的确较近，不过一般人们在洗澡的时候精神都会比较亢奋，很多人还喜欢在浴室里唱歌。洗浴可以使血气顺畅，促进思考。

以上三中，也就是忘我之中、散步中、洗浴中，都有助于产生好的想法。

我们在日常生活中行走坐卧时，如果能够意识到这一点，那么在所到之处总能生出很多奇思妙想。

发现生活智慧

有些知识是不会写到书上的。但是一些受过教育的人，往往会忽略这一点，以为所有东西都会写在书上。而那些没有写到书本上的有用知识，如果没有在生活中发现就不会有人教给我们的知识，更是不胜枚举。

这里给大家举一个非常无聊的例子。

我有一个多年来非常喜欢的旅行包，已经用得非常旧了。虽然我自己没有很在意，一直把它带在身边，但我旁边的人却为此非常聒噪。他们总会跟我说："太难看了，还是重新买一个吧。"我不舍得把它打入冷宫，于是想着有什么办法可以挽救一下。

我突然想到，皮鞋偶尔需要刷一刷，同样是皮革制品，我却从来没有刷过这个包，这样可不行。

于是我找到一种可以刷掉污渍的皮革专用清洁膏，把它涂到包上擦拭，结果这只包就此焕然新生，变得锃亮锃亮的。连旁边那些一直劝我买个新包的家伙们，都觉得还能用很久。

仔细想想，从出生以来到现在几十年过去了，虽然用了很久皮革制品，但是总觉得能用清洁膏刷的只有鞋子。而且，我从来没有看到哪本书上写过类似的事情。如果学校连这样的知识都要教的话，估计会忙不过来。

有些家庭并没有使用皮革制品的习惯，父母自然也不会告诉孩子涂上一点儿油可以让皮革显得更亮。这样一想，有很多东西都是因为我们的无知而被扔掉了。

所以即使是这样的小事，对我们来说也是一个很好的发现。比起得到数学答案，这更需要我们花费时间。

据说可以用香蕉皮来擦拭皮革。这个知识也是非常新鲜的。香蕉皮里含有鞣酸，可以使皮革发光发亮，所以用它来擦拭茶色的包再好不过。

我在生产菜刀的地方听到了一段话。越快的菜刀越容易生锈。即使使用完立刻用水擦拭，过两三天以后还是会生锈，这会让菜刀的寿命变短。其实有一个办法可以防止它生锈，而且非常简单。

那就是用完菜刀以后，用浸过热水的毛巾擦拭一下。为什么这么简单的方法，我们却不知道？有一个说法是，早点让菜刀报废的话，我们就可以买一把新的菜刀了。对于卖菜刀的人来说也有利可图。如果教给别人长久保存的方法，不就等于作茧自缚吗？而我们真正期盼的，是可以在学校的家庭课上学到这样的知识，一旦我们掌握了这些知识，就不容易忘记了。

当我们年轻的时候，并不理解健康的重要性。到了中年，我们的身体素质慢慢下降，就会开始关注一些对身体有好处的东西。有一项调查显示，现在的日本人中有九成以上的人对保持健康有着强烈的兴趣。等到进入老龄化社会以后，这样的人会越来越多吧。

现在到处都在开健康讲座。不要觉得这些讲座是无用的，如果细细去听，还能收获不少知识。

某个长寿会的会长告诉我，一天要吃二十五种食物。米、盐、砂糖各属于一种，一天一共需要吃二十五种。水果也一样，与其吃一个苹果，不如吃半个苹果、一个橙子，这样会让我们摄取的食物种类更加丰富。

一顿饭吃八九种食物还可以，如果每天都要这样做，不付出一番努力是不可能实现的。

这位会长还说，随着年龄的增加，应该按照供奉给八百万诸神的食物去吃饭。酒是可以的（不可饮酒过量），但我们不会供奉给神仙们香烟，所以我们也需要禁烟。蔬菜、海草、鱼类、五谷杂粮等都可以，但是神仙们并不吃肉。

最近 美国人开始效仿日本人吃一些富含纤维的食物，例如炒牛蒡丝。因为日本人经常吃这样的食物，所以肠胃更健康，也可以延缓衰老。我想到了以前在战争年代，让俘虏们吃牛蒡、杂草根的看守所所长被起诉虐待俘虏，结果自己成了阶下囚的事情。

摄入过多的盐分和糖分不是一件好事，要少盐多醋，也就是减少盐分，多用醋调味。

老化往往是从末端开始的，所以要多活动手脚和手指，多走路。手指关节也要多活动，所以要多写字。手指的话，据说多使用小拇指，可以让我们的内脏变得更加强大。

我不知道用近代医学的观点来看，这些事情具有多少客观价值，但是即使我们按照医学原理去做，也不能保证我们不会生老病死。

这些东西不要听听就算了，要把它写下来，即使是对健康学一窍不通的门外汉，也会因此渐渐建立起自己的一套体系。

健康不仅是通过饮食实现的。我们都说病从气生，精神性的原因也不容小觑，尤其是近代的人在这一点上表现得尤为明显。

美国的一位社会学者在做死亡时期的研究时发现，在生日之前的一段时间，死亡率会下降很多，而过了生日之后又会陡然上升。为什么在生日前后老人的死亡率会有如此大的变化？对此很有兴趣的这位学者做了调查以后发现，老人们期待着自己的生日能够得到庆祝，也期待着收到很多礼物。因为还有这样的期待与牵挂，所以即使患有疾病，病情也能够得到一些缓解，甚至还会有非常大的起色。等到生日过了以后，他们就失去了生活下去的意义。趁着这个间隙，疾病就会卷土重来，甚至会越来越严重。这样的案例有不少。

有一个相似的案例。一位医学大家已经病入膏肓，上面也已经决定要授予他勋章了，但是正式的授予仪式还没有举行，这位医学大家似乎也熬不到这一天了。他的徒弟们为了实现他的愿望，在病床前让他看了一眼勋章。结果这位老人一下子就精神抖擞起来，据说此后又活了很多年。

还有另一个案例。某市的老政治家已经病危了，市长为了鼓励他，把自己的勋章给了他，并说这是授予他的。这位老政治家在病床上正襟危坐，收下了这枚勋章，之后病情就有了很大的好转。看到精神抖擞的老人是一件好事，不过不能让他把勋章还回来，周围的人也十分尴尬。

还有一点，经常说话也可以延缓衰老。这是老年公寓的员工们说的。或许是因为说话需要我们动脑子吧。这让我想到了瑞典的一处老年公寓做的实验。他们让老人按照自己的兴趣组成几个小团体，然后给他们设置了一个外语学习小组。刚开始的时候虽然没有什么人气，但是最后这个小组成了最有人气的组织。这里的成员都很有精神，死亡率也很低。

这些片段式的知识，大部分都是我从旁听说的。这些知识不应该就这样四处零散，应把它们跟相关的东西结合起来，成为我们聊天时的一个话题。对于那些不知道的人，这些话题会让他们佩服谈话的人。知识这种东西，就在于我们的用心程度。即使不刻意归纳总结，它们也会自然而然地聚到一起。

谚语的世界

对现在的日本人来说，外语的魅力正在逐渐减弱。我们在街头巷尾总能看到很多片假名和外国文字，这会让我们觉得奇怪，心想或许只有这样才能增添趣味性吧。

比起城市里的人，农村里的人会对外语有更强烈的向往。去看一下明治时代以后的语言学家，就会发现很多人都是从地方上来的。当然，也不是没有东京出身的西洋学者，只是比较"落后"的地方的年轻人对欧洲的憧憬更加强烈。

二战后，日本人的生活也西化了。最近这几年也可以自由地去海外旅行了。到了海外一看，却发现梦中描绘的蓝色鸟儿并没有出现，于是又带着梦想破灭后的哀伤回来了。所以说，知道得越多并不一定就越幸福。

在我们对外面的世界尚且懵懂的时候，会对外语抱有一些兴趣，等到眼前的外文变得铺天盖地的时候，我们反而兴味索然了。

人与人之间也是一样。远远看去觉得非常美好的人，一旦变得非常亲近，就会失去那番韵味，甚至还会觉得有些讨厌。很多恋爱都经历了这样的过程，最终以分手告终。

如果只是经历这些，并不能应用到其他的事物上。把它做一下整理，形成一个公式，以后就会成为我们生活的智慧。

远远望去非常美丽的人一旦变得亲近，就一下子失去了魅力。这可以用"仆人眼中无英雄"这句谚语来概括，还有很多事情可以归到这一类。

在本节开头我提到了外语的凋零，或许读者们对它不太理解。这就好比在太阳底下看到的东西似乎总是褪色的。如果把这一现象再做一下提炼，就成了"在夜里、在远处、在伞下"这个谚语。它的意思是说，从不同角度去看，会使女性显得更加美丽。一般来说，当距离加大，我们会更加着迷那些看不真切的东西。如果距离太过接近，就会心生厌恶。对那些让我们心生厌恶的东西，我们不会感受到它的美好和有趣。

工薪阶层并不喜欢自己的工作，一旦被上司臭骂了，他们就会觉得别人做的事情看起来很有意思，而自己做的事情是最无聊、无趣的，于是下定决心把工作辞了。然而即使换一个行当，同样要跟人打交道，不可能一下子就变得一帆风顺。于是又觉得这份工作没意思了，而其他人的工作看起来又很棒。这样的人无论到什么时候都不会消停。

学生之中也有很多人有这样的倾向。进入英语系一段时间后，开始觉得非常无趣，于是被心理系吸引，觉得那里可以做实验，而且看上去很有学问，便想转到那里去。等转到心理系两年后，对心理学又感到厌倦了，想去学一些更加刺激的东西，于是又进入物理系。这样的人到最后只会一事无成。

这样的事情在大千世界中时刻都在上演。尽管如此，依然有人在重蹈覆辙。因为每个人都没有把别人的经验当作信息来整理。事实上，不是这些东西没有得到整理，而是我们不知道已经存在一些被高度提炼了的谚语。

执意改变职业方向不是明智的选择。这件事情从古至今均有定论。有一句谚语叫"石头上坐三年"（意为只要功夫深，铁杵磨成针）。在英国，这句话叫作"滚石不生苔"。总之，需要经历一段忍耐的时光，才能有所建树。

为什么英语系的学生会觉得心理学看起来很有意思呢？因为这就是人性。明天就要考试了，前一天晚上才开始准备学习，结果看到那本平时瞟都不瞟一眼的晦涩难懂的哲学书，原本只想随便翻一下，结果越看越入迷，怎么也停不下来，最后把学习计划都打乱了。这样的事情我在前面已经提到。

如果把这样的经验归到"隔壁家的花儿红"这个谚语下的话，就可以节约很多思考时间。因为从远处望去的花朵看起来格外鲜红。然而只有跑到近处一看，才会发现上面满是虫子，眼前的花朵仿佛褪色了一般。

做生意的人、投机的人为了抓准买卖的时机，会思考很多。等到他们觉得差不多了，准备去做买卖的时候，却发现太早了一些。因为吃了这一次亏，他们会想着下次一定要再等久一点。结果还是错过了好时机，于是又后悔当初为什么不早点做决断。做生意的人总是不断经历这样的失败。每一件事情都非常复杂，而且背景不尽相同。在掌握时机这一点上，永远是非常困难的，于是就有了"赶早不如赶巧"这个谚语。

学校教育似乎把谚语看作无用的知识。有人会觉得使用谚语的人不属于知识分子。但是在实际生活中劳作的人们对谚语有着极大的兴趣，因为这些谚语有益于他们理解现实和判断事物。

当我们在处理事情的时候，如果能够引用谚语，那么对很多事情都可以简化处理。

现实中发生的很多事情都是一些具体问题，每一件事情都有其特殊的形态，要去分类是很困难的。把这些问题归为一个模式，将它一般化、记号化处理之后就成了谚语。假设上班族小 A 总是不安分，到处换工作。仅凭这一点，不能认为上班族普遍如此，也不能延展到人的本性问题上，更不能借此认定从古至今人们都将这样的行为看作有害的。

这时候如果用一句"滚石不生苔"，就可以说明上班族小 A 的行为也只是遵循了人类的习性，不是什么稀奇事。

把具体的案例抽象化，再把它固定下来，这就是谚语的世界，也是平民老百姓的智慧。从古至今，无论是哪个国家，都有着数不胜数的谚语。在文字还没有被使用的时代，人类已经开始了对思考的整理。

在整理归纳个人想法时，人类在历史上创造出的谚语可以作为我们的参考。如果打算把每一个个体的经验和考虑的事情都原封不动地记录保存下来，我们的工作量会变得非常浩大，而且很快就会销声匿迹。

所以当我们做一般化处理的时候，要尽量总结到一个普适性很高的程度。这样一来，就可以对照相同种类的东西，并继续强化这一形式。也就是说，制造仅属于自己的"谚语"，以此来统领自己的经验、知识和思考。所制造的谚语会相互产生关联性，我们的思想也会朝着有体系的方向发展。

为了达到这一点，需要我们明确关注的事情与兴趣的核心是什么。将凝聚在这一核心中的具体事件和经验升华到一般命题，创造出一个独有的谚语世界。这样一来，不读书的人也有足够可能创造出自己的思想体系。

第六章

如何激发思考的创造力

第一重现实

如果我说现实分为两种，或许会被人取笑。但是对于偷吃了智慧这一"禁果"的人类而言，现实绝不只有一个。

我们直接接触到的外界，可以称为物理属性的世界。它属于现实世界，但是通过知识性活动的运作，我们的脑海中又会出现另一个世界。我们将第一个物理属性的世界称为第一重现实，而出现在我们头脑中的世界则是第二重现实。

第二重现实是在第一重现实的信息以及第二重现实的信息的基础上形成的一个理念上的世界。因为它属于一种知性的活动，所以不知不觉就能够展现出非常真切的现实感，有时候甚至比第一重现实来得更加真实。那些长期追求知识与学问的人，往往会否定第一重现实，经常生活在第二重现实里，也是对此的印证。

过去我们主要是通过阅读书籍来制造第二重现实。读书人往往比较理论化，主要是因为他们不会直接与外界产生联系，而是通过知识间接地与外界接触。

由于阻隔了与外界的沟通，他们的思绪得到深化，也因此构建出了第二重世界。

大部分人都活在第一重现实中，然而有很多人已经意识到，仅仅如此并不能接触到真正的现实，于是哲学就产生了。人类的所有营生都是向着第二重现实的形成而努力的。为了更加明确地认识第一重现实，需要有能够超越它的第二重现实的存在。

一直以来，第二重现实几乎都是通过文字和阅读建立的。然而，最近这三十年来，出现了大量新的第二重现实，我们却没有充分意识到这一点，那就是电视。电视非常接近真实，甚至比真实的事件更为逼真。有了电视，我们可以足不出户，坐在茶室里喝着茶，就能走遍世界的各个角落。这也让我们有了一种像在旅行的感觉，并且在这一过程中忘记了这是第二重现实。

我们阅读书籍，在头脑中描绘出的世界便是一种观念的产物，对此我们不会产生误解。但是从显像管中看到的世界毕竟太过逼真，以至于我们往往会产生一种错觉，觉得它是第一重现实。现代人恐怕也是人类文明开启以来，第一次以第二重现实为中心生活的人类。可以说这是人类精神史上的一场伟大革命。

除了活字印刷给我们缔造的第二重现实，强有力的影像为我们带来了新的第二重现实，使现在的知识生活变得更加复杂。

当我们在思考问题的时候，不可以无视这两种现实的差异。一直以来，当我们说到考虑事情，就表明我们处于第二重现实。我们通过与古往今来的文人著作对话，形成新的思考。而与此相对，我们与第一重现实的关系显得有些暧昧。或者说，我们觉得只有同第一重现实之间绝缘，才得以向更高层次的思想前进。就像我在之前的章节里提到的，我们之所以会轻视谚语的作用，也是这个原因。

但是，思考是从第一重现实这一非常朴素的环境中生长出来的，这不算稀奇。现代人对这一重思考没有表现出很大的兴趣，是因为知识以及阶级制度的固化。作为劳动者，也不能缺失思考、思索和知识的创造。

一直以来，我们总认为那些能看到、能阅读的思想才应该受到尊重，而那些从劳作和感受中得到的思想没有多大价值。然而，知识和思考并不是能阅读和能看的人的私有物品。工作得满头大汗的人未必不能创造出属于自己的思考。无论是多么个性化的思考，只要是人类思考出来的东西，就不可能同第一重现实没有任何关联。无论与第一重现实的关系看起来多么间接，它们身上必定会留下现实生活的影子。

在第二重现实对第一重现实具有压倒性优势的这个时代，我认为我们更有必要去关注第一重现实的存在。很多人思考出来的东西并没有汗水的味道，也因此缺乏一种活力。在我们无意识的情况下，思考会变得抽象，使得语言表达非常暧昧。抽象是产生于第二重现实的思考的特性。虽然现代的思想会展示给我们非常逼真的外表，通过画像的传达也会看上去非常具体，但是它们身上的现实感是非常稀薄的。

我们需要更加立足于第一重现实去思考。说得再明确点，上班族的思想有很多是扎根于第一重现实的。与此相对，学生思考的事情来源于书本，是以第二重现实为土壤开出来的花朵。所以，即使他们想要扎根于生活，做一番思考，也会因为还没有扎实地沉淀到真实生活中而难以做到。

这样的学生离开书本，进入社会以后，就变得不再知性，而成为一个谷物。因为他们的知性来源于第二重现实，包括书本。要想从事第一重现实的知性活动，需要的是飞机而不是滑翔机。学生的思考与社会性的思考之间的差距，就好像滑翔机和飞机的差异。

即使是社会人士，当考虑一件事情的时候，偶尔也会逃离行动的世界，躲藏到书本的世界里。确实，不读书很难进行思考。但是工作很忙碌的人想模仿学生去苦读，也不可能产生真正的思想。如果不能将行动与知识世界结合到一起，就无法做出成人的思考。

从思考的整理这一角度来看，在第二重现实中，从书本得来的知识会为我们做出恰到好处的归纳总结。从第一重现实产生的智慧，并不会老老实实地待在现有的框架之内，往往需要我们去思考新的体系。所以，社会人士的思考往往会终结于发散的想法。

边走路边思考就是第一重现实中的思考。这与暂时中断我们的生活，全身心投入到书本的世界去思考事物具有本质上的差别。我们的知识性活动大多也是模仿，不属于真正的创造。或许我们同真实生活之间产生了隔断，就是原因所在。

飞机型的人会在工作和一些普通的行动中思考，由此整理出来的东西会造就一个新的世界。之前我已经说过，日本人的知识训练很多时候都是在他人的引领下，开始滑翔机般的人生，使我们只会承认第二重现实中的知性。

那些带有汗水味道的思考急待开花结果。为了不让它们只终结于一个灵感或想法，我们需要创立一个体系。这一点和第二重现实的思考没有什么两样。作为现代人，我们应该铭记真正的创造来源于第一重现实。

从对第一重现实的思考中得来的结晶，最通俗的就是我之前说到的谚语。这并不是从书本中得来的，由此便可以说明它既是近代的，也是现代的。

此外，当我们追本溯源，看一看日常生活中使用的一个个词语时，会发现它们都是第一重现实的产物。也就是说，我们是在第一重现实的基础上思考到了第二重现实。而至于语言本身，不知在何时也成了第一重现实。

已知与未知

知识性活动可以分为三种。

一是对已知的再次认知，以下称为 A；二是理解未知的事情，以下称为 B；三是挑战一个全新的世界，以下称为 C。

以阅读为例，当我们阅读并理解了与我们已经体验过的事情相关的文章，这种知识性活动就属于 A。当读到我们熟悉的地方发生的事情，或是实地看过的比赛的报道，这时候的理解就是再次认知。

对于阅读的一方来说，知识或者说经验在之前就存在，这之后会出现很多相同或者相似的知识。把这两者关联起来，就形成了"我懂了"这样的自我认知。虽然这是最基本的知识形式，但是仅仅如此的话，我们只会懂得那些已知的东西。

解读未知的能力 B 非常必要。这跟之前的再次认知不同，它没有铺垫的东西，而是直面一个全新的世界，因此必定会存在一些自己不明白的地方。要想飞跃这道沟壑，只能借助想象力。无论对于 A 的解读有多么熟练，仅凭借这些不一定能获得 B 的解读能力，两者之间具有本质上的差异。

对于人类来说，书是将自己引入未知世界的一扇门，只有这样才能获得 B 的解读能力。从这种意义上说，尽管这是一个非常重要的概念，但是我们往往没有把这两者区分开来，因此也很少有人去思考该如何完成从 A 到 B 的转移。我们常常驻足于 A 阶段，然后形成一种错觉，以为这就是读书的一切。

A 是一种了解的行为，而 B 则是从一开始就不明白是怎么一回事。首先，"解释"是必要的。把语言作为走向未知的提示，就可以将未知转化为已知。

接下来，还有拒绝这一解释的更高难度的表现，就是 C 的解读。为什么会明白一件事呢？因为是通过亲身实践体会到的。仅靠一次两次是不可能明白的，需要经历无数次的碰壁。终于，虽然是一点一点地，却感觉朦朦胧胧知道一些了。所谓"书读百遍，其义自见"，指的就是 C 的解读。这样的解读也带有非常强烈的个人色彩。

曾经我带领学生们一起朗读汉文。但是，我只教给他们发音，并不涉及意思的解说。对于年幼的孩子们来说，这是完全未知的世界。比起 B 的解读，这更接近 C 的解读。禅僧在拿到参禅问题时，长时间绞尽脑汁，一而再、再而三地思考，才能有所参悟。汉文的诵读目标多少跟这有点相似。

现在，希望看到简单明了的表达方式的呼声非常高，能够经得住 C 的解读的书籍越来越少了。能够全方位动员自己的想象力、直觉、知识等，做出"自己的解释"，进行这样的思考的读者已经非常少了。

虽然我们耳边时时能听到一些声音，强调读书的必要性，但大多数只是数量上的阅读。从质量上来看，已知的 A 的解读、解释已知延长线上的未知的 B 的解读、进一步挑战完全未知世界的 C 的解读，这三者是各自独立的。

接下来，我想把 C 纳入 B，思考解读未知和解读已知的区别。

学校教育是从 A 的解读开始的。老师会教给学生熟知的内容，也就是对已知的解读。对于这个方法，现在我们或许并没有怀疑，但是想到过去老师会让学生阅读一些高难度的未知内容，也说明了从 A 开始获取知识并不是唯一的方法。

能够读懂文字，就属于 A 的解读。由于这非常关键，因此即使解读一些已知事物，也需要长期的训练。结果，我们就会不知不觉遗忘了 B 的解读。当我们回顾自己接受的语言教育，就会发现自己并不明确从哪里开始是 A，从哪里开始是 B。

虽然我们会在不知不觉中进入 B 的解读的阶段，但是我们并不清楚什么时候、怎么做才能完成从 A 到 B 的转移。其实这也很正常，因为教育者本身对此也会模糊，且不以为意。

明明一直以来做的都是 A 的解读，突然就可以实现 B 的解读，这是不切实际的。我们需要一座连接的桥梁。能起到这个作用的就是文学作品。这也是在国语教育中，对文学作品的解读不可或缺的原因。

故事、小说之类的，乍一看会向读者摆出一副亲切友善的面子，而且好像也属于 A 的解读，不会给我们一种很难理解的印象。那么，创作只要通过 A 就可以使人明白吗？事实上并不是这样。对于作者思考的问题，我们也隐隐约约察觉到，存在一些读者不了解的地方。这时候读者就会在已知的协助下，通过想象力，在已知的延长线上误打误撞地进入一个新的世界。因此，即使是同一种表达，能通过 A 来阅读的，也能通过 B 阅读。我们之所以能感受到创作中的独特内涵，跟这种双重解读也有关系。

事实上，从 A 到 B 的转移，不是这么简单就完成了。大部分的阅读指导，在没有实现 B 解读的情况下，培养了一群肤浅的文学读者。

这不仅是语言教育上的一个遗憾，也非常广泛地影响到我们的思考和一些知识性活动。很多日本人都有一种认知倾向，那就是有趣的文章大多数都是故事。这是因为他们对抽象的理解能力非常弱。因此在日本也泛滥着低级趣味。

我在之前的章节中提到，对于文学作品，要想从 A 阶段跨越到 B 阶段，必须把真正能够解读到 B 阶段作为最终目标，而不是认为只要阅读了就能领悟创作。

因此，不能在情感上对理解文学作品表现出满足，而是要通过解释，看看自己在已知的延长线上可以将未知剖析到何种程度。这之后就要借助想象力和直觉的翅膀，做进一步的探索。我们必须深刻思考这样的事情。

我们不仅要将这一点用到国语教育和读书指导方面，还要意识到了解未知的方法是所有知识性活动的前提。对于那些需要广泛思考和对知识抱有兴趣的人来说，这是非常重大的问题。

在母语中，已知与未知的界限并没有得到严格的区分。甚至 A 的解读与 B 的解读，在本质上存在差异这一点也不是很明确。

在对外语的理解上，和母语相比，B 的解读更多。对于理解未知，阅读外语的经典作品非常有效，这不是偶然。日本人对汉文的阅读，乍看起来有些粗暴，好像一下子就要进入 C 的阶段，其实可以通过这个方法来培养能够解读未知的优秀读者。

在西欧国家中，同日本的汉学具有同等地位的是希腊、罗马的古典作品。中世纪以来，它们在学校教育中长期处于中心位置，同汉学在日本的地位是一样的。这也并非偶然。

当然这不局限于语言教育，人性教育、知识训练等都适用。作为现代人，我们有必要再次好好审视它。

扩散与收敛

我们人类具备两种完全相反的能力。一种是改变我们接收到的信息，并从这个框架中跳出来的扩散能力。还有一种则是将分散的内容黏合到一起，做出归纳总结的收敛能力。

假设有十个人在一起聊天，聊了三分钟后，让大家把聊天的内容写成一个概要。结果是每个人写的都不一样，没有人会与他人归纳得一模一样。这种时候就没有正确答案。所谓正确答案，就是每个人都给出一模一样的答案。在数学问题上存在正解，然而像上面说到的写概要的例子，不可能存在正解。不过会出现有趣的概要，或是总结得很到位的概要。唯一正确的答案是不存在的。

不存在正解的地方，不仅仅限于这样的概要。在考试的时候，对于那些论述性的题目，从严格意义上来说也不存在正解。答案必定是因人而异的。数学问题可以有相同的多个答案，但基于主观意识得出的答案是不可能相同的。反过来说，误解完全是一种个人的主观意识，完全相同的误解是不可能存在的。

当我们在归纳概要的时候，扩散性的思考会产生误解。而且，一字一句上完全不存在差异的两个概要，在理论上是不成立的。

然而，这种理论上不可能发生的问题，在现实生活中却发生了，真是让人匪夷所思。

最近，在入学考试时要求学生写小论文的学校越来越多了。也就是给考生们一个固定的题目，让他们写出一篇文章。这种情况下，收敛是不可能的，也不可能存在标准答案。因为出这个题目是为了让每个人发挥自己的主观意识，将自己思考的内容写下来，可以使考生自由的发散性思维得到更大程度的发挥。这个方法也因可以发挥学生们的个性，近年来广受好评。

然而，让人十分惊讶的是，根据阅卷人的反馈，很多人写出来的东西几乎是一样的。刚开始听到这些话的时候，我不是很相信，觉得再怎么样这种事情也不可能发生。

但是，渐渐地，在我耳边到处都充斥着这样的声音。一些高中为了迎接大学考试会举办小论文写作的模拟考试，据说其中也出现了同样的情况。这么说来，这不是夸张，而是真实存在的情况。估计是学校的辅导产生了反作用，使学生误以为只要根据老师教的内容去写作就是正确答案。如果以为写小论文跟数学一样，要得出一个正确答案的话，就大错特错了。

当然，因为是写出来的文章，所以不可能一字一句毫无差别。然而有一点毋庸置疑，如果是完全相同的文章，那就是基于收敛性的思考写出来的文章，从这样的文章中是看不到个性的。

人类原本具有非常强大的扩散能力。以前的军队设有通信兵的岗位，在通信手段并不发达的时代，行军部队之间只能通过口耳相传完成信息交互。于是，在等间距的中转站会配置相应的兵力来完成信息传递。信息就通过这种方式传递下去。

然而这些信息往往很难准确无误地传递到终点，必定会发生一些变形，这就造成了误传。在一些关键的事情上，误传是绝对不被允许的。于是，军队从平日开始训练通信兵，但即便如此还是无法实现百分之百的正确传递。

这种时候，每个人都会在心里默念，一定要正确，一定要正确。然而扩散作用还是会悄悄发生，让信息变形。于是，这些变形的信息会在下一个中转站继续变化，结果误差就变得越来越大。

当这种变化方式变得更加自由奔放，就会出现添油加醋的情况。于是，谣言、传闻、流言这些东西会伴随着扩散作用的加大混进信息之中。关于谣言，也是仁者见仁，智者见智。我们每个人都有可能成为传递谣言的旗手。

通过扩散作用产生的就是发散性思维。发散性思维不会像线条一样完整连贯，而是像点一样四处散落。点与点之间，乍一看没有关联性。用前面用过的比喻来说，就好比飞机似的思考。

与此相对的是收敛作用带来的整理。首先，整理是需要一个焦点的，要朝着这个目标把一切统合起来。如果这个方向不明确的话，就无法实现归纳总结。

一直以来的学校教育主要在做的，就是通过收敛作用完成知识训练。这种情况下，人人都想得到一个正确答案，所以满分的答卷也是有可能的。如果长期接受学校教育，大家就会陷入一种错觉，认为一切都有正确答案。这是因为学校教育只锻炼了人的收敛能力。

接受过这种教育的头脑在面对没有标准答案的问题时，往往会束手无策。虽然无法表达出自己的观点和想法，却能巧妙地根据需求整理自己接收的知识，这样的学习者往往被尊为优等生。这就是滑翔机式的人，他们的收敛能力非常强大。这种做法的优点是，可以将零散的想法整理成一条线或是一个体系。这与通过扩散性思考只能得到一些四处乱飞的点形成了鲜明对照。

在思考方面，对这两类作用做出区分是非常重要的。一直以来，我们主要是通过收敛性思考来考虑问题。久而久之，就会觉得思考的整理是很简单的。然而，收敛性思考只占了思考的一半，而且还是被动的一半。创造性的另一半是扩散性思考，也就是不害怕误解，跳脱正确方向的、具有能量的思考。一直以来，没有充分认识到这一点，也是我们这个社会的不幸。如果没有"异类"就做不出真正的独创和创造，有这种想法是很悲哀的。

以读书为例，一直以来我们都认为标准答案只有一个，并把这个标准答案作为目标。这种情况下，我们会将作者的意图视为绝对，从而轻易创造出一个正确答案。这种行为模式就是收敛性读书。

与此相对，做出自己新的解释，就是扩散性读书。虽然有可能跟作者的意图发生冲突，但不需要畏惧。在收敛派来看，这种行为是误读和误解，但是我们不能忘记，在我们阅读时，只有扩散作用才能给予表现力永恒不朽的生命。古典作品也是在扩散性解读的基础上形成的。我在之前的章节中提到过，百分之百忠于笔者意愿的古典作品，古往今来一篇都不存在。

扩散性思考产生的都是一些没有经过总结归纳的凌乱的点。如果对这些点放任不管，就会造成一片混乱，很多收敛派人士都有这样的担心。但是对于扩散派人士来说，这并不是随手乱放。乍看之下很混乱，但是如果充分地看一看各个点，就会发现它们自动朝着收敛的方向前进。

例如，有一个新的词语出现了，每个人都会按照自己的想法随意使用它，这就是扩散性的使用。即使想把它收敛一下，也无奈于字典上没有固定的定义。不过，等过一段时间就会发现，这些词语的意思会自然地固定下来，这就能说明扩散性的思考会自发地产生收敛。

　　如果一个词语只能扩散而没有收敛的话，那么它最终只会消失。

电　脑

　　一直以来，知识性活动的中心就是记忆与重复。因此，滑翔机式的人变得越来越多，也是正常现象。我在前面提到，学校从来没有因为沦为滑翔机训练场而感到羞愧，甚至还以此为荣。而且，整个社会也没有对此提出疑问。

　　我们往往认为只有人类才会记忆，只有人类能够记住重要的事情，且在必要的时候回想起来。只要这种能力稍稍拥有得多一些，就能成为优秀的人。学校在培养具有这种能力的人类方面，有着义不容辞的责任。

　　长期以来，我们没有深刻地思考过这一点。因为从来没有人对此提出质疑。然而这数十年来，关于记忆与重复的人类价值，开始发生动摇。

　　原因就是电脑这一机器的出现。电脑如果同它的名字所表现的一样，只会计算，并不会让我们非常惊讶。然而当脱掉计算机的外衣，电脑却越来越接近人类的头脑。

在这一过程中，电脑早已经确定的功能就是记忆与重复。我们总以为只有人类才会的事情，电脑却做得越来越快，而且越来越简捷。需要几十人甚至几百人才能完成的一项工作，一台电脑就可以轻松搞定。人类也在这个时候开始发出惊讶的感叹。

再后来，人类不仅仅是感叹了。我们的内心开始生出一丝疑问，开始反省人类到底是什么。一直以来我们如此努力勤奋地学习，把成为电脑一样的人作为自己的目标，但对于人类来说，在记忆与重复方面，无论如何都无法与电脑匹敌。

虽然把人类视作电脑确实存在一些问题，但是人类这种电脑不需要电源，光靠两条腿就可以自由移动，这几点可以拿来自我安慰。

伴随着那些非常完美的记忆再现装置的出现，一向致力于把不完备的装备植入头脑的人类教育在这个时候突然显得愚蠢可笑。一直以来，学校培养的是电脑式的学生，而且还是会被电脑比下去的电脑式学生。机械驱逐人类是社会历史发展的必经之路。现代社会原本就需要直面新型挑战，我们却没有对此抱有危机感。结果就是今日复明日，年复一年，总以为事情不会发生变化。我们的双眼被乐观的保守主义蒙蔽了。

人类发明了机器，并让它代替人类劳作。机器只是我们的仆人，人类可以按照自己的意志去使唤它们。虽然我们可以从这一角度看待事物，但是从另一方面来看，人类也在重复着历史，就是被自己制造出来的机器夺去了工作机会。因此，我们不能因为机器带来了便利就忘乎所以。

从古至今，一个尤为重要的事件是工业革命。原本通过人力完成的工厂作业，被带有动力的机器夺走了。于是，工厂的主角从人转换为机器。人类只不过是操纵机器，真正制造东西的是机器。

被机器夺走工作的人类，发现了机器插不上手的办公室，于是把这里作为自己主要的工作场所，上班族就此产生了。能够做事务工作的只有人类，随着事务的复杂性不断提升，员工也供不应求了。

工业革命通过机器将人从工厂作业中驱逐出来。人们为了找一份真正需要人完成的工作，奔向了写字楼。这里是人类的圣域，机器无法踏足。这种状态在西欧持续了两百年。

然而电脑的出现毁灭了这片圣域。机器具有完美的作业能力，而且不像人动不动就会抱怨、发牢骚，电脑不会嘟嘟囔囔地。此外，电脑也不会被劳动法束缚，即使不眠不休也没什么影响。原本以为可以高枕无忧的上班族在面对这一强劲的对手时，显得措手不及，毫无防备。

在机器与人类的竞争中，伴随着新机器的出现，具有机械性性格的人类最终会惨遭淘汰。通过电脑，我们知道了人类的头脑与电脑如此相近。而且，人类的头脑远远不及电脑，能力相差悬殊。

于是，我们不得不接受优胜劣汰。机械性的人早晚需要让位给机器。想想工业革命，就知道这是大势所趋。

持续至今的学校教育始终围绕着记忆与重复进行知识性训练。正是因为过去没有电脑，所以社会上需要像电脑一般的人。结果，学校教育仅仅是在记忆与重复训练上下功夫，很少有人对此提出质疑。在电脑得到广泛普及的现在，我们需要从根本上探讨这一教育观念。这不仅仅是学校的问题。我们如何看待头脑的作用？所谓思考是什么？

如何重新定义机械性、人性？在我们面前已经出现许多亟须解决的课题。

相较于了解一件事情，本书更多地将重点放在了如何思考一件事情上。这也是因为了解一件事情往往是机械性的，而思考一件事情则蕴含了很多人性的问题。

最早实现了电脑普及的美国，会不厌其烦地提及创造性的发明，这绝非偶然。人类如果真想保有人性，就应该在机器无法下手或无法灵活操控的事情上发挥人的能力，创造性才是最关键的。

但是，在长期以来以训练滑翔机为专业的学校，光靠喊口号无法造出飞机，甚至都开始让人怀疑，创造性是否是能够教出来的。

接下来的人类，在面对机器和电脑无法完成的工作时，从其能够在多大程度上发挥自身能力，就可以判断出其对社会的贡献力有多大。要辨明什么样的事情是机器做不到的，需要花费一定的时间。单纯围绕创造性这一抽象的概念不是明智之举。

能够培育出具有真正创造性的人的教育，其本身就具有创造性。仅通过在教室里教学是不可能实现的。例如，婴儿开始懂事，这就是最高程度的创造力。能够培养出强大的运动员的教练，也需要拥有强大的创造力。当然，艺术与学问也是具有创造性的。销售、商务等活动，很多也是电脑做不到的。这样的要素越多，越能凸显人类的创造力。

要像一个真正的人一样生活在这个世界上，就需要具备人类的特性，也就是创造力。伴随电脑的出现，接下来的人类也会发生变化吧，而能洞察这一点的也必须是人类。这才是具有创造性的思考。

后　记

　　日常生活中，我们经常会自然而然地用到"思考"这个词语。

　　因为我们在日常生活中，总要面对一些不得不做出一番思考的事情。有时候，当脑海中千头万绪，不知如何是好的时候，我们会感到焦虑、悲观、失望。久而久之，就会产生一种错觉，觉得自己是有思考能力的。

　　然而，这个所谓的"思考"，到底是怎样一种行为？它与"想"又有什么区别？跟"知道"又存在何种关系？我们又是通过怎样一种顺序在思考呢？对于这些问题，能够重新审视思考的人本身就不多。

　　过去的学校，几乎从来就没有在思考这件事上做过完整的教育工作。即便如此，我们也在不知不觉间，通过每个人独有的方式形成了一套思考模式。

这套模式不是某人在某时教给我们的，也不是自己下了一番功夫后才获得的，完全是在一种很自然的状态下形成的。我们的灵感也受这种模式控制。比较棘手的一点是，对于这种模式，我们往往很难清晰地感受到它的存在。

如果想了解自己是通过哪种模式思考的，比较有效的方法是接触他人的思考模式。如果这本书在这一方面能够帮助到大家，便是我最大的欣慰了。

总地来说，思考也好，思考的总结归纳也罢，想简简单单地传授一套方法论不是一件易事。所以，这本书没有向读者提供技术或者方法的意图。或者说，我没有打算把这本书写成一本与方法论相关的书。

虽然很多人都觉得思考是一件很麻烦的事情，但是如果我们换个角度去看，就会发现这其实是一件非常奢侈的事情。除了一些出于实用性目的需要去思考的事情之外，我们还会从一些非常纯粹的思考行为中找到快乐。

思考事物是怎样一种体验呢？如果读者在考虑这个问题的话，希望我的片言只语能够成为你们的他山之石。如果在此基础上还能让读者的灵感迸发，对我来说便是莫大的惊喜了。

本书今天得以付梓，也要感谢筑摩书房编辑部的井崎正敏先生，是他给予了我莫大的支持，在此深表谢忱。

一九八三年早春

外山滋比古

"认为"与"思考"

有一位刚来日本的美国人，曾经问过我这样一个问题："为什么你们日本人总会有 I think（我认为）这样一个口头禅？真的需要做那么多思考吗？"结果我被问倒了，不知从何说起。或许是因为他并不了解日本的修辞学吧。

使用日语时，很多人都会一个劲儿地用"と思います"（我认为）这个说法。其实大家并不是基于非常明确的判断做出了结论，而是总会不自觉地用这种方式表达。在日本人看来，用"A 就是 B"这种表达方式太过露骨，或者说给对方带来的冲击力太过强烈。我们总想用某种东西包装一下。话说回来，当我们给别人金钱时，也会把它放进包装袋。虽然我们在商店里付钱的时候，会在毫无包装的情况下把钱递出去，但是当钱变成一种具有社交属性的工具，不能直截了当地递钱是一个常识。

当收到别人的馈赠，打开包装袋直接就能看到纸币的话，很多人会感觉特别没意思。打开包装袋以后，会看到另一个包装袋，这样一来就不会一下子看到钱，被视为一种非常有格调的礼仪。可见，日本人爱包装的心理在如此微小的细节上也有所体现。

"A 就是 B" 这种说法，就像是赤裸裸躺在那儿的一堆钱，让人感觉粗野无礼。于是，给它包装一下，就成了 "我认为 A 就是 B" 或者 "A 难道不是 B 吗"。将这种表述用英语来叙述时，就不能说 "A is B"，而要用 "I think A is B" 这种说法。事实上，这并非做了一番思考后得出的结论。如果把这种表达方式说成是具有思考性的，便言过其实了，只会让人不知所措。

曾经有位英国物理学家在翻译日本人的科学论文时，提出了日本人的 "虚"。日本人的论文在句末常常会出现 "であろう"（或许是）这样的结尾。明明应该写成 "A 就是 B" 的地方，却往往写成 "A 或许就是 B 吧"。这样一来就显得是在自说自话，含糊不清，给人一种非常不自信的感觉。然而，事实上并不存在论据不足的问题，跟"A就是B"的意思完全一致。即便如此，日本人还是会写成"Aはであろう"（A或许就是B吧）。这个"であろう"在英语中没有相对应的说法，因此到底该怎么翻译，这件事深深困扰了那位物理学家。

不仅是物理学界，这一问题给广大知识分子阶层也带来了巨大的冲击，学术论文中的"であろう"一时间也销声匿迹了。然而说实在的，即使到现在，依然有不少人想在句末附上一个"であろう"。

说到底，"A就是B"这种赤裸裸的表达方式还是会让人犹豫不决。我们总有一种想把它包装一番的情感倾向，因此就有了句末的"であろう"。所以，"A或许就是B吧"和"A就是B"两者在意思表达上并没有什么差异，只是"A就是B"的一种词尾变化而已。

同开头的美国人质疑的"I think"一样，有或者没有"I think"，在意思表达上并没有什么差异。就算有，也只是修辞上的区别。

也就是说，日本人会说"…と思います"，用英文表达

的时候，会随意用"I think..."来替代它。对此必须要认识到，这与"我思故我在"（I think, therefore I am）这句话是不同的。日本人用"I think"来表达时，其实并没有意识到自己作为第一人称所要担负的责任。即使用了"think"这个词，日本人也没有想要彻底思考一番的意思，倒不如说这只不过起到了冲淡自我判断的作用。

莎士比亚时期的英文表达中，有一个现在已经不被使用的单词，叫作 methinks。这个单词的意思跟日文的"と思われる"（认为）一致。需要注意的是，少了"I think"中的"I"，取而代之的是开头用了"me"这个词（me + thinks）。换作现代英语，就是"It seems to me..."（在我看来）的意思。

将日本人口中的"思われる""であろう"换作英语，更像是"methinks"，或者"It seems to me..."所表达的意思。跟欧美人所说的"I think"相比，日本人所表达的意思显得有些被动，缺乏主张的强烈性。日本人并不是为了思考而思考，是思考本身朝着我方走来，我们只是接住了这种思考而已。这其实就是"と思われる"（认为）。这种表达就好比科学家本想在写论文时做出一番思考，却自然而

然就出现了内容。又或者说，这是一种被动思考，大家往往会用"であろう"来蒙混过关。

在思考事物的时候，有"I think"和"It seems to me..."两种思考方式，日本人很多都是用后者思考。但是，这种思考方式不仅仅局限于日本人。大多数的思考不会在刚开始的时候就展现出非常清晰的样貌。它们往往都是模糊的、断片式的、若隐若现的。当这些形态被捕捉到以后，从某种程度上来说出现了清晰的轮廓时，就有了"It seems to me..."。

与此相对，"I think"所包含的思考内容往往具有非常清晰的形状，对最后的结果也具备非常明确的展望。其对思考的叙述是非常完备的。"It seems to me..."的形态是进行时，属于一种没有确定形状的思考，大多数情况下也缺乏清晰的结论。当能把内心的想法落实到语言上时，就具备了同"我思故我在"相同的确定性。而与之相对的"It seems to me..."则依然处于一种模糊的、摇摆不定的状态。

要想将模糊的、摇摆不定的状态转变为清晰的形态，需要一段时间来使混沌渐渐变得清晰。让模糊的、摇摆不定的状态持续下去的东西最终会扩散崩溃，直至消灭。

不依赖于时间的整理作用，进行自我思考，就是"考える"（考虑）。"と思われる"这种思考可以看作是被很多层衣服包裹着，从外部来看似乎很美好，但是本体到底是怎样的，即便是本人也不清楚。

将衣服一层一层脱掉，就是"I think"本来的思考。这个过程对于像日本人这样内心活动十分丰富的人来说，是一件很头疼的事情。可以通过读书来接触跟自己的思考不一样的事物，然后在这个过程中得出属于自己的思考。

此外，还可以通过书写来推进自己的思考。书写就是一种考虑的过程。原本那些不可名状的东西，在书写的过程中渐渐就变得清晰了，于是"思われる"的外衣被扒掉，使我们得以逼近事物的核心。

有人说，"书写让人变得更加缜密"。有趣的是，很多随笔家会将书写与考虑并行。随笔家在将"と思われる"转变为思想的过程中体会到了喜悦。

"文章"是一种思想还没有穿上衣服的状态，这也是会让人产生"似乎就在身边"的感觉的原因。文章包含两种，一种是试论，也就是阐述成形的思想的文章，还有一种是随笔，也就是将尚不具备明确形态的想法一点点拼凑出来的内容。将最接近"认为"的状态的内容不加修饰地表现出来，这跟还差一点就要形成的"论说"的表达之间是有差距的。

如果把"I think"的文章看作试论，那么"It seems to me"的文章就像是随笔、随想。但无论是哪一种，随笔家都是在最贴近自身的地方，将思考做一番整理。想到什么就把什么写下来，由此思考出来的东西，会从"It seems to me"一点点靠近"I think"。我们每一个人从某种程度上来说，都可以成为这样的随笔家。

思考的整理学可以让我们每个人在成为随笔家的过程中收获属于自己的成果。

《思考的整理学》此前收录进"筑摩讲堂"，本书在此又附加了最后一篇后记。在这里对给予我莫大帮助的筑摩书房编辑部的各位表示诚挚的谢意。

一九八六年春

外山滋比古

出版后记

　　"我忍不住想，要是再年轻一点的时候遇到它就好了。"日本泽屋书店店员松本大介不经意的一次推荐，让 1986 年首次出版的《思考的整理学》再次焕发生机，迅速登上日本多家书店图书销量榜首，受到读者的热烈好评。本书多年来热度始终不减，在 2018 年和 2019 年依然连续两年获得了日本大学生协年度图书榜单第 1 名。

　　这不禁让人好奇：这本关于思考的书究竟拥有怎样的魔力，在 30 多年前就提出了永不过时的崭新观点，并在智能化时代迅速发展之际，再次为陷入思考困境的人们提供了动力源泉？

　　在 20 世纪 80 年代，外山滋比古教授已经开始批判日本以应试教育为中心的教育模式，警醒学校教育不要执着于培养顺从的"滑翔机型人才",忽视能够自主思考的"飞机型人才"。很多大学生在临近毕业依然不会写论文,正是因为他们成了无法自由翱翔的"滑翔机"。他指出,比起解答问题,能够提出问题更重要。在人工智能逐渐潜入大众生活与工作机会的当下,本书提出的思考的整理方法尤为适用。

在本书中,外山滋比古教授整理出一套关于独立思考的灵感指南,从 5 个角度出发提出了众多有趣、有用的独特观点及方法。比如用沉睡、鸡尾酒法则帮助灵感发酵;利用卡片和笔记本收集整理碎片化思考;重新看待遗忘和舍弃的价值,等等。

《思考的整理学》不仅可以推动我们的思考习惯不断进化,实现质的升华,还可以帮助我们的思考站上更开阔的跳板,让想法更加新鲜、让思考更加自由。

服务热线:133-6631-2326　188-1142-1266

服务信箱:reader@hinabook.com

2020 年 10 月

图书在版编目（CIP）数据

思考的整理学 / （日）外山滋比古著；施敏霞译
. -- 北京：九州出版社，2020.10
　ISBN 978-7-5108-9292-9

　　Ⅰ. ①思… Ⅱ. ①外… ②施… Ⅲ. ①思维方法—通
俗读物 Ⅳ. ①B804-49

中国版本图书馆CIP数据核字(2020)第130363号

版权登记号：01—2020—4188

思考的整理学

作　　者	〔日〕外山滋比古　著　施敏霞　译	
责任编辑	周　昕	
封面设计	棱隹视觉	
出版发行	九州出版社	
地　　址	北京市西城区阜外大街甲35号（100037）	
发行电话	（010）58992190/3/5/6	
网　　址	www.jiuzhoupress.com	
电子信箱	jiuzhou@jiuzhoupress.com	
印　　刷	北京盛通印刷股份有限公司	
开　　本	889毫米×1194毫米　32开	
印　　张	8	
字　　数	119千字	
版　　次	2020年10月第1版	
印　　次	2020年10月第1次印刷	
书　　号	ISBN 978-7-5108-9292-9	
定　　价	36.00元	